APRS

&

R

に対応。

データ伝送が可能なD-STARに対応。

本書の構成と使い方

第４級ハム国試要点マスターは、参考書と問題集を一冊にまとめました。実際の試験問題では、数値を入れ替えたもの、あるいは選択肢の一部または全部を入れ替えたものも出題されます。また、「正しいのはどれか」「間違っているのはどれか」のいずれを選択するのかといった、いわゆる「ひっかけ問題」もあります。参考書編には主な計算問題の解答手法の例も掲載していますので参考にしてください。

時間を競う試験ではありませんし、暗記による解答が可能な問題も多く、試験時間の 60 分は決して短くありませんから、落ち着いて、問題文の一字一句を騙されない気持ちで読み、正答を導き出してください。

第4級ハム

要点マスター

要点丸暗記で一発合格

CQ出版社

目　次

本書の構成と使い方 ………………………… 2
アマチュア無線と受験手順 ………………………… 5
合格へのアドバイス ………………………… 15

無線工学の問題集

1. 無線工学の基礎 ………………………… 22
2. 電子回路 ………………………… 32
3. 送信機 ………………………… 42
4. 受信機 ………………………… 56
5. 電波障害 ………………………… 69
6. 電　源 ………………………… 74
7. 空中線系[アンテナと給電線] ………………………… 79
8. 電波伝搬 ………………………… 88
9. 無線測定 ………………………… 98

法規の問題集

1. 無線局の免許 ………………………… 106
2. 無線設備 ………………………… 113
3. 無線従事者 ………………………… 118
4. 監　督 ………………………… 122

5. 業務書類 …………………………………………………… 129
6. アマチュア局の運用………………………………………… 133

無線工学の参考書

1. 無線工学の基礎 …………………………………………… 152
2. 電子回路 …………………………………………………… 163
3. 送信機 ……………………………………………………… 169
4. 受信機 ……………………………………………………… 177
5. 電波障害 …………………………………………………… 185
6. 電　源 ……………………………………………………… 188
7. 空中線系[アンテナと給電線]…………………………… 194
8. 電波伝搬 …………………………………………………… 200
9. 無線測定 …………………………………………………… 204
10. 国試に出る計算問題の解き方…………………………… 207

法規の参考書

1. 無線局の免許 ……………………………………………… 222
2. 無線設備 …………………………………………………… 224
3. 無線従事者 ………………………………………………… 226
4. 監　督 ……………………………………………………… 228
5. 業務書類 …………………………………………………… 230
6. アマチュア局の運用……………………………………… 231
● 法規問題 暗記法のヒント ……………………………… 237

●表紙デザイン：近藤企画

アマチュア無線と受験手順

ハムになろう

アマチュア無線はプロの無線資格と同じく国家資格ですが、送信機やアンテナなどの自作した機器を使用して交信できるのはアマチュア無線だけです(自作送信機は保障認定という検査を受けて認められれば使用できます)。また、通話のみならず、モールス信号のような歴史ある通信方法(第3級アマチュア無線技士以上の資格が必要)やパソコンと組み合わせた新しい通信方式まで、とても幅の広い楽しみ方ができます。また、短波のように、太陽との関係で刻一刻と変化する電離層を使った交信は、テレビ放送やラジオのように安定した状態ではありませんが、地球の裏側のハムと交信もできる、まさにアマチュア無線の醍醐味です。第4級アマチュア無線技士の資格は、国内外のアマチュア無線家とたくさんの周波数を使い分けて交信することはもちろん、インターネットを仲介した通信方法や衛星通信、月面反射通信などスケールの大きな趣味の登竜門です。試験問題も電気を中心に科学や法律まで多岐にわたりますが、ぜひ試験を突破して、一言では語れない壮大な趣味に足を踏み入れてみてください。

アマチュア無線が注目される場面の一つとして、大きな災害時の通信手段があります。いわゆる非常通信です。被災地での運用も大変ですが、なにより多くのアマチュア無線家がその信号を受信し、内容を伝達することで通信手段が途絶している場面では大いに役立ちます。交信相手がたくさんいることもアマチュア無線のアドバンテージです。そのような非常通信の際にも、スムーズで、スマートな運用ができるよう、新しくハムになられた皆さんには日々の交信からも運用のスキルを習得されて緊急時の通信手段となっていただくことも期待しています。

もう一つ、無事に試験を突破した際には、せっかく覚えた知識や学習に費やした時間を無駄にしないためにも、できるだけ早期に上級資格に挑戦することをお勧めします。第3級ならば運用できる周波数が1つ(18MHz帯)増えて、許可される出力上限も50Wになります。海外と交信してみたい方には特にお勧めです。日本国内で移動する局の場合は、さらに上級資格の第1級、第2級でも同じ出力上限の50Wです。楽しみ方も交信可能な範囲も一気に広がります。

国家試験の受験手続き

全てのアマチュア無線技士の無線従事者国家試験は、公益財団法人日本無線協会(以下、日無協と略します)が実施しています。このうち、第3級・第4級アマチュア無線技士の国家試験は、CBT(Computer Based Testing)方式という受験方法になりました。(株)シービーティーソリューションズ(以下、

CBT Solutions)が申し込みから試験実施のすべてを代行し、試験会場にてコンピュータ画面上で回答する方法です。

なお、障がいのある方その他の理由でインターネット経由での申請が困難な場合は、個別に対応する旨の記載があります。

CBT方式の試験

以前と比べて大きなメリットは、受験機会が増えたこと(例えば都内ではほぼ毎日、どこかで開催)、申し込みから最短で2週間程度で受験できること、全国にたくさんの試験会場があることです。都内だけでも40か所以上(令和4年2月現在)、全国にある研修センターや習い事教室などをテストセンターとして利用しているようです。注意点としては、それぞれのテストセンターには人数制限があるので、必ずしも希望どおりにならないこともありそうですが、受験者にとって比較的行

写真 1.1

きやすい試験会場を選択できます。日無協のホームページにもCBT試験の受験案内があります(**写真1.1**)。(https://www.nichimu.or.jp/kshiken/index.html)

ユーザー登録

CBT Solutions受験者専用サイト(https://cbt-s.com/examinee/)で「無線従事者」と検索すると、**写真1.2**のアイコンが表示されます。このアイコンをクリック(受験者専用サイトにたくさん並んだ試験ごとのアイコンから見つけ出してクリックしても可)すると、第3級・第4級アマチュア無線技士の国家試験専用のページに進めます(**写真1.3**)。

写真 1.2

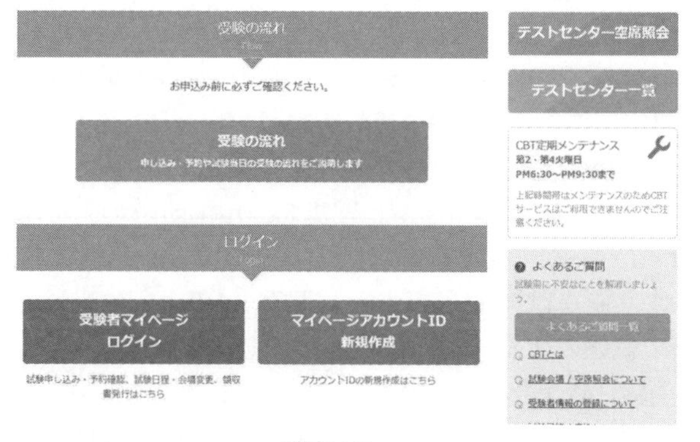

写真 1.3

https://cbt-s.com/examinee/examination/nichimu.html

このURLでも同じサイトにたどり着きます。ここで最初にマイページアカウントのID登録を行います。すでに他のCBT試験を経験されている方は、この登録は済んでいると思います。

最初にメールアドレスを入力して仮登録を行います。すぐに本登録用のURLを記載した仮登録完了メールが配信されてくるので、そこへアクセスしてログインIDやパスワード、住所、氏名などの入力をします。これでアカウントIDの登録が完了します。続いて、ログイン画面に進み、登録した内容からマイページへログインします。

なお、「アマチュア無線」「第三級アマチュア無線技士」「第四級アマチュア無線技士」と検索すると、養成課程講習会の終了試験も一緒に表示されますので、必ず**写真1.2**のアイコンであることを確認してください。

受験申請

ログイン後のマイページから、受験の申請を行います。なお、登録完了後すぐに受験申請をしない場合、再びCBT Solutionsの受験者専用サイトからスタートすることになろうかと思いますが、この場合のログインは**写真1.2**の画面からのみ可能です。

マイページ内「CBT申込」をクリックすると、ここで始めて受験可能な試験が表示され、**写真1.4**のように受験可能なCBT試験のリストから受験したい資格を選択します。

受験日時、会場を選択する前に、顔写真の登録があります。登録画面ではトリミングや拡大縮小、位置の微調整などが可

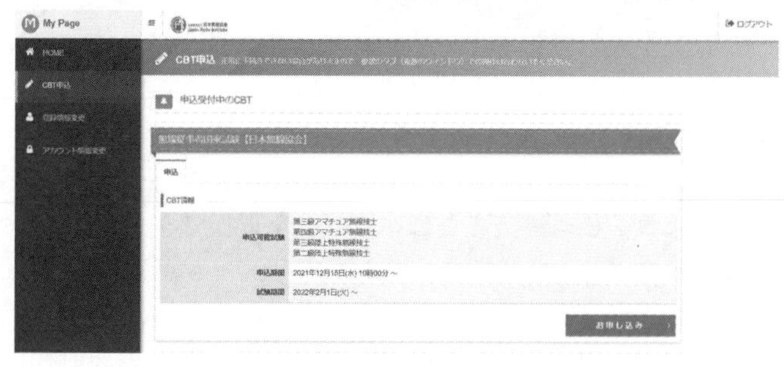

写真 1.4

能になっています。申請に必要な写真の条件は、日無協ホームページ内の資料から確認できます(https://www.nichimu.or.jp/vc-files/kshiken/pdf/photomihon.pdfにあります)。2.4cm × 3.0cmの無帽・無背景、6カ月以内に撮影したものといった規格と同等な写真を電子的に登録しなければなりません。デジカメやスマートフォンを活用して規格どおりの写真を準備して利用することもできますが、申請手続きの前に電子データとして用意する必要があります。個人撮影のほか、データでの出力が可能な証明写真機や、あるいはカメラ店やスタジオなどで撮影後にデータで受け取る方法もあります。

ちなみに、合格後の無線従事者免許の申請では、従来どおりの写真を用意するので、ここでの撮影は受験用と考えてよさそうです。

写真登録が完了すると、試験日、実施会場を選択します。3カ月先まで、10日ごとに選択した都道府県で受験可能な会場の一覧表が表示されます。受験時間をプルダウンメニューから選択して完了です。

受験料支払い

受験申請手続きの最後に受験料の支払い方法を指定します。支払いはコンビニ決済またはペイジーを選択できます。これで申請が完了し、その旨を記載した電子メールが送られてきますので、指定期日までに記載内容に従って支払います。受験料は5,100円(令和5年9月時点)です。領収書はCBT Solutionsの「マイページ」からダウンロードできます。

受験票について

受験票は一切送られてきません。試験当日までに届く連絡は、受験申請を確認する電子メール、訂正事項がある場合の電子メールのみです。その代わりに、試験当日は顔写真付きの本人確認証を持参します。CBT方式の3アマ・4アマ国家試験で認められている本人確認証は、主なところでは運転免許証、パスポート、学生証などですが、詳細はCBT SolutionsのホームページのFAQ(https://cbt-s.com/examinee/faq/detail/415.html)に記載があります。小中学生については、保険証のみで受験可能とあります。

受験票による本人確認に代えて、試験会場側で用意している「受験ログイン情報シート」と持参した本人確認証とを照合させて、入場が許可されるルールになっています。なお、入場時にはすべての手荷物をロッカーまたは係員に預け、支給される筆記具・メモ用紙、それと「受験ログイン情報シート」のみを試験会場に持ち込めます。

試験開始〜終了

受験ログイン情報シートに記載のあるIDとパスワードを端末に入力し、表示内容(受験する資格、氏名など)を確認して試験が開始されます。お手洗いなど、一時退出や再入室は認められていないので要注意です。試験が終了すると、スコアレポートという受験結果(自動採点)がもらえ、そこで合否が判明します。別途、正式な試験結果が電子メールで日無協から送られてきます。無線従事者免許証の申請にはこの電子メールに記載された番号が必要です。

試験に合格したら

試験結果の合格メールを受信したら、無線従事者の免許申請を行います。詳細は総務省のホームページ(https://www.tele.soumu.go.jp/j/download/radioope/)を参照してください。

続いて開局申請(無線局免許状)を行います。総務省のホームページ(https://www.tele.soumu.go.jp/j/download/proc/index.htm)を参照してください。無線局免許状の申請については、電波利用 電子申請・届出システムが便利です。申請料が安価で、電子証明書方式またはID・パスワード方式が利用できます。後者の場合は事前にIDの取得が必要です。

第１表　日本無線協会の事務所の名称、所在地および電話番号

事務所の名称	事務所の所在地
（公財）日本無線協会 本　　部	〒104-0053　東京都中央区晴海 3-3-3 江間忠ビル 03-3533-6022
（公財）日本無線協会 信越支部	〒380-0836　長野市南県町 693-4 共栄火災ビル 026-234-1377
（公財）日本無線協会 東海支部	〒461-0011　名古屋市東区白壁 3-12-13 中産連ビル新館 6F 052-908-2589
（公財）日本無線協会 北陸支部	〒920-0919　金沢市南町 4-55 WAKITA 金沢ビル 076-222-7121
（公財）日本無線協会 近畿支部	〒540-0012　大阪市中央区谷町 1-3-5 アンフィニィ・天満橋ビル 06-6942-0420
（公財）日本無線協会 中国支部	〒730-0004　広島市中区東白島町 20-8 川端ビル 082-227-5253
（公財）日本無線協会 四国支部	〒790-0003　松山市三番町 7-13-13 ミツネビルディング 203 号 089-946-4431
（公財）日本無線協会 九州支部	〒860-8524　熊本市中央区辛島町 6-7 いちご熊本ビル 096-356-7902
（公財）日本無線協会 東北支部	〒980-0014　仙台市青葉区本町 3-2-26 コンヤスビル　022-265-0575
（公財）日本無線協会 北海道支部	〒060-0002　札幌市中央区北２条西 2-26 道特会館 4F　011-271-6060
（公財）日本無線協会 沖縄支部	〒900-0027　那覇市山下町 18-26 山下市街地住宅　098-840-1816

合格への
アドバイス

〔1〕国家試験の内容は

第4級ハムの国家試験は、無線工学12問、法規12問の計24問が四肢択一式で出題され、試験時間は合計で1時間です。

採点基準は、無線工学、法規とも各12問中8問以上で合格となります。科目合格はありません。

無線工学、法規の各科目の出題範囲とその出題数は次の表のとおりです。

(1) 無線工学				(2) 法規	
出題範囲	問題数	出題範囲	問題数	出題範囲	問題数
無線工学の基礎	1	電波障害	2	無線局の免許	2
電子回路	1	電源	1	無線設備	1
送信機	2	空中線系	1	無線従事者	1
受信機	2	電波伝搬	1	運用	5
		無線測定	1	業務書類	1
				監督	2
合　計			12問	合　計	12問

〔2〕合格のための解き方

何よりも大切なことは、問題文をよく読んで文意を理解することです。以下の問題例を見てください。

問　次の記述で間違っているものはどれか。

1. 導線の抵抗が大きくなるほど、交流電流は流れにくくなる。

2. コイルのインダクタンスが大きくなるほど、交流電流は流れにくくなる。
3. コンデンサの静電容量が大きくなるほど、交流電流は流れにくくなる。
4. 導線の断面積が小さくなるほど、交流電流は流れにくくなる。

どの選択肢を見ても、もっともらしい書き方なため、騙されてしまいそうですが、問題文に「**間違っている**ものはどれか」とあります。つまり、**何を求めるのか？**と問題の内容を把握できれば、間違いを1つ選んでも、逆に正しい説明の選択肢を3つ選んでもよいのです。しかしここが**ミスの発生する部分**です。正しい説明の中から1つ選んで回答して満足してしまうミスが生じます。「間違っているもの」と見たら「**騙されないぞ！**」と何度も自分に言い聞かせながら進めてください。

なお、この問題の答えは3で、コンデンサに交流電流を流したときには容量性リアクタンスと言って抵抗のような振る舞いになるのですが、公式$X_c=\frac{1}{2\pi fC}$〔Ω〕をうっかり思い出せなくても、「分数の形をしていたな」、「分母はゴチャゴチャしていたけれど、分子は1だったな」などと思い出せれば、**「静電容量が大きくなる＝抵抗のような振る舞いをするリアクタンスとしては小さくなっていく」**と、ここまでたどり着けると、**オームの法則($I=E/R$)**から電流Iがどんどん大きくなることにたどり着けます。このような解き方の説明は、問題集の解説らしくない、格好よいものではありませんが、ポイントは見たものが残像のように頭の中に残るほど、繰り返し学習していけば、このような解き方でも正答にたどり着けるということです。

問　長さが8〔m〕の**1/4**波長垂直接地アンテナを用いて、周波数が7,050〔kHz〕の電波を発射する場合、この周波数でアンテナを共振させるために一般的に用いられる方法で、正しいのは次のどれか。

1. アンテナにコンデンサを直列に接続する。
2. アンテナの接地抵抗を大きくする。
3. アンテナにコイルを直列に接続する。
4. アンテナに抵抗を並列に接続する。

7,050kHz（=7.05MHz、波長λ=300/7.05≒42.6m）の1/4波長垂直接地アンテナに必要な長さは、約10.65mとなり、問題では約2.65mだけ長さが不足しています。この不足分を電気的に補うためには、延長コイルを直列に接続します（答：3）。

計算問題では、特に**単位の記号**（キロ、メガなど、Si接頭辞といいます）に注意します。波長は（光の速さ約30万km/s=300Mm/s）÷（周波数f〔Hz〕=1/T〔s〕）で求めますが、我々が主に使用する周波数はメガヘルツ（MHz）ですので、100万（=メ

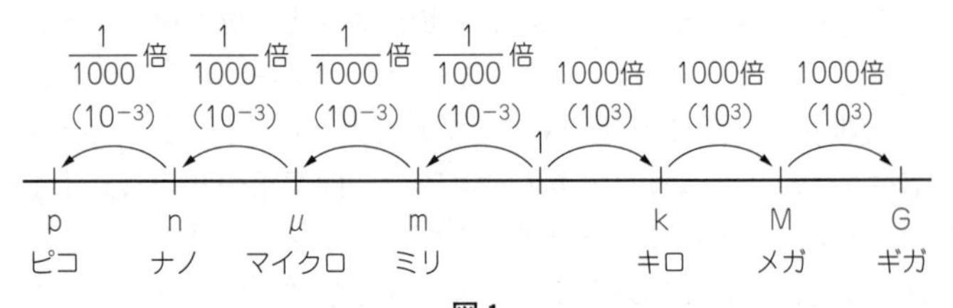

図1

ガ)で約分すると$\lambda=300/f$〔MHz〕となり使いやすくなります。本題でkHzをMHzに変換したのは、このためです。

公式の多くは、k$(=10^3)$やM$(=10^6)$、$\mu(=10^{-6})$などが付かない場合が多いですが、波長の公式のように初めから〔MHz〕とされているものもあります。

問　無線電話通信において、自局に対する呼出しを受信した場合に、呼出局の呼出符号が不確実であるときは、応答事項のうち相手局の呼出符号の代わりに、次のどれを使用して直ちに応答しなければならないか。

1. 再びこちらを呼んでください。
2. 誰かこちらを呼びましたか。
3. 貴局名はなんですか。
4. 反復願います。

この種類の問題は、問題文があえて複雑に書かれている場合を多く見かけます。この問題のように、「(確実に)自局の呼出しである」上で、「誰が呼んだかがわからない」という場合は、選択肢2の「誰かこちらを呼びましたか」と積極的に応答しなければなりません。一方で、「自局への呼出しが確実でない」という問題もあります。

問　無線局が自局に対する呼出しであることが確実でないを呼出しを受信したときは、次のどれによらなければならないか。

1. その呼出しが数回反復されるまで応答しない。

2. 直ちに応答し、自局に対する呼出しであることを確かめる。
3. その呼出しが反復され、他のいずれの無線局も応答しないときは、直ちに応答する。
4. その呼出しが反復され、かつ、自局に対する呼出しであることが確実に判明するまで応答しない。

この場合は、選択肢2のような「え？もしかして私のことを呼びましたか？」と確認したり、あるいは選択肢1や3のような「何度も呼出しして空振りしているので、応答してしまおう」と呼ばれていないのに応答してはいけません。ポイントは「確実に自局への呼出しであることが判明するまで応答してはいけない」ことです（答：4）。

短い問題文のなかで、どういったシチュエーションなのかを十分に把握して問題に挑んでください。

無線工学の問題集

多肢選択式の問題は、問題文の中に正解のヒントが隠されています。本問題集では、**解答のヒントになる部分を太字**で示しています。

無線工学12問中、8問以上の合格点をとるためには、「送信機」、「受信機」、「電波障害」、「電源」、「無線測定」の各分野を計算問題を含めて、学習することが大切です。

* 類 とある問題は、類似問題です。設問の内容は同じですが、解答の順番などが微妙に違う問題です。
* ◆の付いた問題は新問です。
* 問題番号の白ヌキ □ は試験場で最後に復習する問題です。
* ●は、第3級アマチュア無線技士の国家試験にも出題される共通問題、または、周波数などの数値や設問の順番が異なる類似問題です。

1. 無線工学の基礎

問1 半導体を用いた電子部品の**温度が上昇**すると、その部品の動作にどのような変化が起きるか。

1. 半導体の抵抗が減少し、電流が減少する
2. 半導体の抵抗が減少し、電流が増加する
3. 半導体の抵抗が増加し、電流が減少する
4. 半導体の抵抗が増加し、電流が増加する

答：2

問2 図に示す記号で表される**半導体素子の名称**はどれか。

1. 発光ダイオード
2. ホトダイオード
3. バラクタダイオード
4. トンネルダイオード

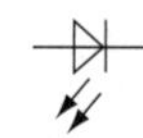

答：1

問3 図（図記号）に示す電界効果トランジスタ（FET）の図記号において、電極 a の名称はどれか。

1. ドレイン
2. ゲート
3. コレクタ
4. ソース

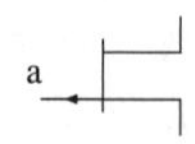

答：2

問4 図に示す NPN 形トランジスタの図記号において、**電極 a の名称**は、次のうちどれか。

【参考書】→ p.152 ～

1. エミッタ
2. ベース
3. コレクタ
4. ゲート

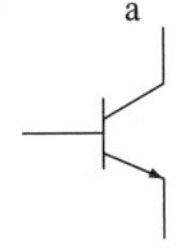

答：3

問5 電界効果トランジスタ(FET)の電極と一般の接合形トランジスタの電極との組合せで、その**働きが対応**しているのはどれか。

1. ドレイン　　ベース
2. ソース　　エミッタ
3. ドレイン　　エミッタ
4. ソース　　ベース

答：2

問6 図に示す正弦波交流において、**周期と振幅**との組合せで、正しいのは次のうちどれか。

	周期	振幅
1.	A	C
2.	A	D
3.	B	D
4.	B	C

答：4

問7 次の記述で**誤っている**のはどれか。

1. 導線の抵抗が大きくなるほど、交流電流は流れにくくなる

2. コイルのインダクタンスが大きくなるほど、交流電流は流れにくくなる
3. コンデンサの静電容量が大きくなるほど、交流電流は流れにくくなる
4. 導線の断面積が小さくなるほど、交流電流は流れにくくなる

答：3

問8 図に示すように、磁極の間に置いた導体に誌面の表**から裏へ向かって電流が流れた**とき、磁極N、Sによる磁力線の方向と導体の受ける力の方向との組合せで、正しいのは次のうちどれか。

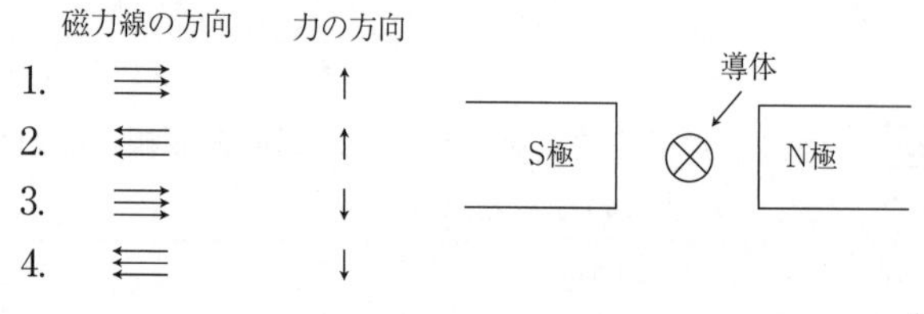

答：2

問9 図に示すように、磁極の間に置いた導体に誌面の裏**から表の方向へ向かって電流が流れた**とき、磁力線の方向と導体の受ける力の方向との組合せで、正しいのはどれか。

	磁力線の方向	力の方向
1.	⇶	↑
2.	⬱	↓
3.	⇶	↓
4.	⬱	↑

導体

S極 ⊙ N極

【参考書】→ p.159 ～

答：2

問 10 コイルの中に**磁性体を入れる**と、その自己インダクタンスはどうなるか。

1. 小さくなる　　2. 大きくなる
3. 変わらない　　4. 不安定となる

答：2

問 11 コイルに電流を流すとコイルの周囲に磁界が発生する。この磁界を強くする方法で**誤っている**のは、次のうちどれか。

1. コイルの巻数を多くする
2. コイルに流れる電流を大きくする
3. コイルの断面積を大きくする
4. コイルの中に軟鉄心を入れる

答：3

問 12 電磁石において、コイルの巻き方向及び電池の極性を図のとおりとしたとき、電磁石の両端 a 及び b の**極性の組合せ**で、正しいのは次のうちどれか。

	a	b
1.	N	N
2.	S	N
3.	N	S
4.	S	S

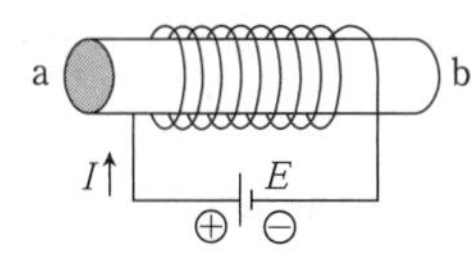

答：2

問 13 **図に示す**ように、2 本の軟鉄棒（A と B）にそれぞれコイルを巻き、2 個が直線状になるようにつるしてスイッチ

Sを閉じるとAとBはどのようになるか。

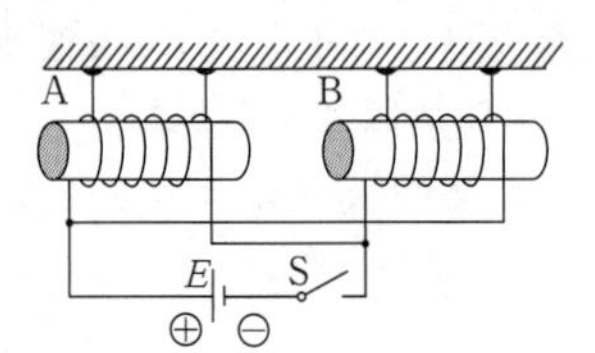

1. 互いに反発しあう
2. 引き付け合ったり離れたりする
3. 特に変化しない
4. 互いに引き付けあう

答：1

問14 次の組合せは、コイル及びコンデンサの**リアクタンスと周波数との比例関係**を示すものである。正しいのはどれか。

	コイルのリアクタンスと周波数	コンデンサのリアクタンスと周波数
1.	正比例	正比例
2.	反比例	正比例
3.	正比例	反比例
4.	反比例	反比例

答：3

問15 図に示す並列共振回路において、インピーダンスをZ、電流を i としたとき、**共振時**にこれらの値はどのように

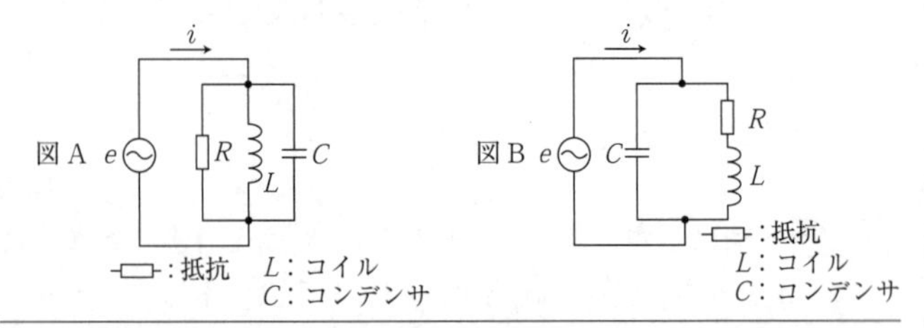

【参考書】→ p.161

なるか。

※ 図 A のほかに図 B が出題されることもある。

	Z	i		Z	i
1.	最大	最大	2.	最大	最小
3.	最小	最小	4.	最小	最大

答：2

問16 次のうち、**単位としてオーム〔Ω〕**を用いるのはどれか。

1. 静電容量　　2. コンダクタンス
3. インダクタンス　　4. リアクタンス

答：4

問17 **インダクタンスの単位**を表すものは、次のうちどれか。

1. オーム〔Ω〕　　2. ファラド〔F〕
3. ヘンリー〔H〕　　4. アンペア〔A〕

答：3

問18 図に示す回路において、**端子 ab 間の合成抵抗**の値で正しいのは次のうちどれか。

1. 5〔Ω〕
2. 10〔Ω〕
3. 15〔Ω〕
4. 20〔Ω〕

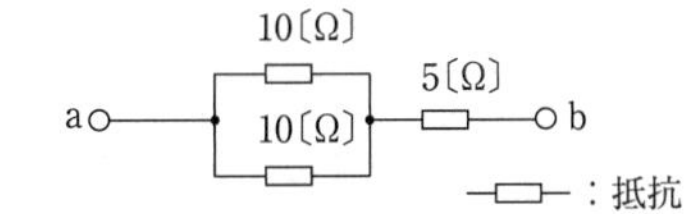

答：2

問19 図に示す回路において、**端子 ab 間の合成抵抗**の値で正しいのは次のうちどれか。

1. 10〔Ω〕
2. 15〔Ω〕
3. 25〔Ω〕
4. 45〔Ω〕

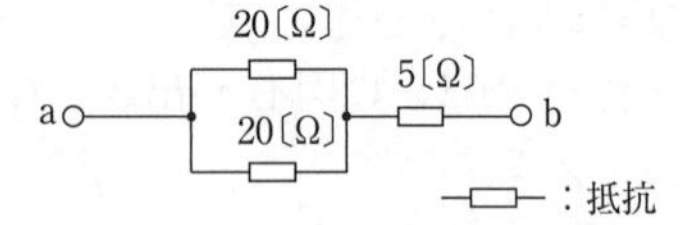

答：2

問20 図に示す回路において、**点 ab 間の電圧**は幾らか。

1. 10〔V〕
2. 20〔V〕
3. 30〔V〕
4. 40〔V〕

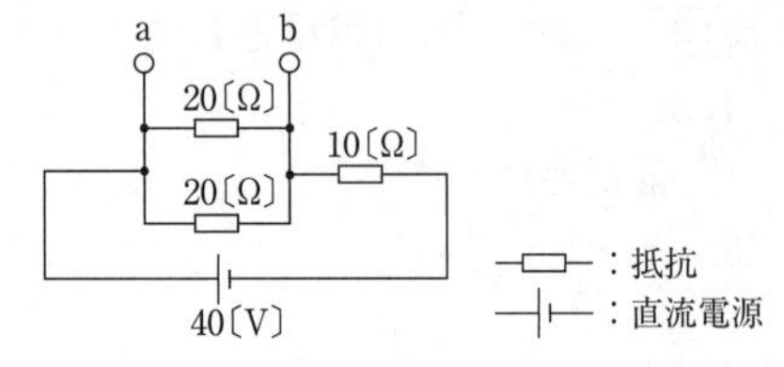

答：2

問21 図に示す回路において、**端子 ab 間の電圧**の値で、正しいのは次のうちどれか。

1. 50〔V〕
2. 75〔V〕
3. 100〔V〕
4. 150〔V〕

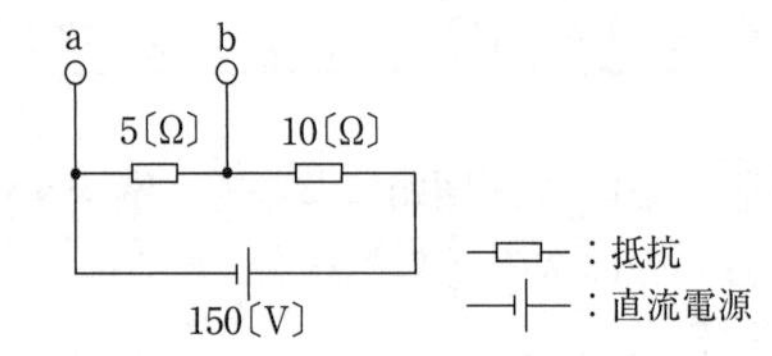

答：1

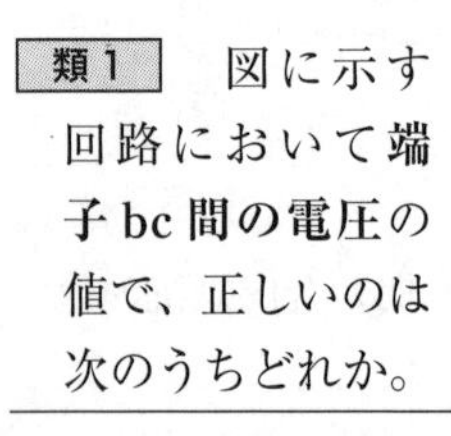

類1 図に示す回路において**端子 bc 間の電圧**の値で、正しいのは次のうちどれか。

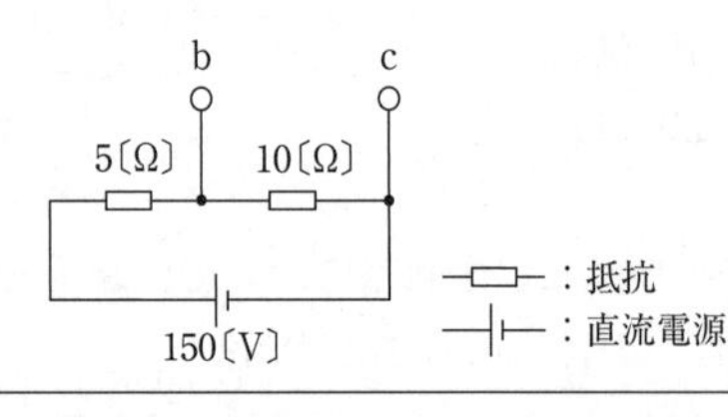

【参考書】→ p.155, p.207

1. 150〔V〕　　2. 100〔V〕
3. 75〔V〕　　4. 50〔V〕

答：2

問22 図に示す回路において**端子 ab 間の合成静電容量**の値で正しいのは次のうちどれか。

1. 10〔μF〕
2. 12〔μF〕
3. 30〔μF〕
4. 50〔μF〕

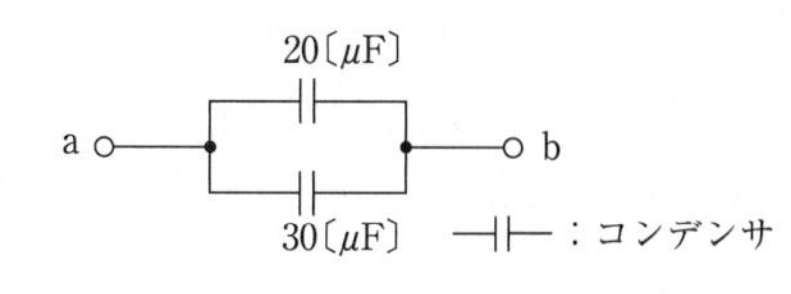

答：4

問23 図に示す回路において、**端子 ab 間の合成静電容量**の値で、正しいのは次のどれか。

1. 10〔μF〕
2. 15〔μF〕
3. 20〔μF〕
4. 30〔μF〕

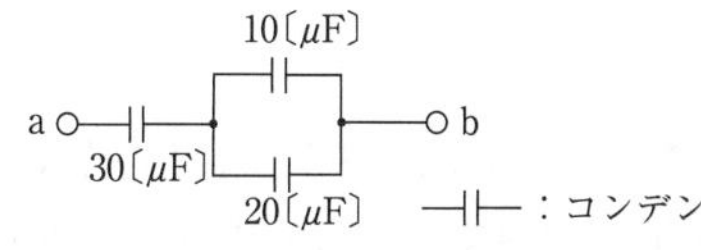

答：2

問24 最大値が 140〔V〕の**正弦波交流電圧の実効値**で、最も近いものは次のうちどれか。

1. 280〔V〕　　2. 200〔V〕
3. 100〔V〕　　4. 70〔V〕

答：3

問25 **電圧、電流及び抵抗の関係**を表す式で正しいのは次のうちどれか。

【参考書】→ p.156, p.208

1. 電圧 $=\dfrac{電流}{抵抗}$　　2. 電圧 $=\dfrac{抵抗}{電流}$

3. 電流 $=\dfrac{抵抗}{電圧}$　　4. 電流 $=\dfrac{電圧}{抵抗}$

答：4

問26　図に示す回路において、**抵抗 R の値を 2 倍**にすると、回路に流れる電流 I は、元の値の何倍になるか。
＊抵抗 R の値は $\frac{1}{2}$ 倍、4 倍という設問もある。

1. $\frac{1}{2}$ 倍
2. 1 倍
3. 2 倍
4. 4 倍

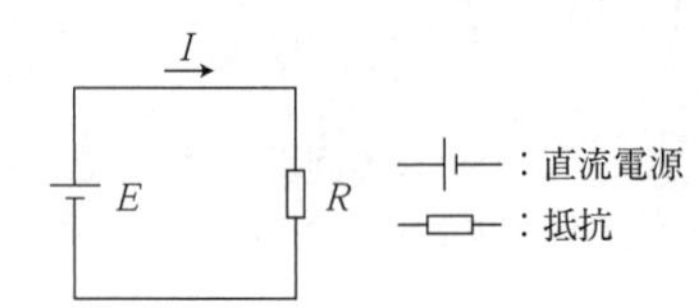

答：1

問27　直流電源 100〔V〕で動作する消費電力 500〔W〕の**負荷抵抗**の値で、正しいのは次のうちどれか。

1. 5〔Ω〕　　2. 20〔Ω〕
3. 25〔Ω〕　　4. 50〔Ω〕

答：2

問28　4〔Ω〕の抵抗に直流電圧を加えたところ、100〔W〕の電力が消費された。抵抗に**加えられた電圧**は幾らか。

1. 0.2〔V〕　　2. 5〔V〕
3. 20〔V〕　　4. 400〔V〕

答：3

【参考書】→ p.210

問29 図に示す回路において、コンデンサの**リアクタンス**で、最も近いのは、次のうちどれか。

1. 350〔Ω〕
2. 180〔Ω〕
3. 35〔Ω〕
4. 18〔Ω〕

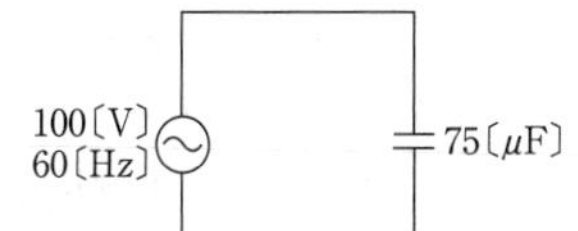

答：3

問30 図に示す回路に流れる**電流** i の値で、最も近いのは次のうちどれか。

1. 0.3〔mA〕
2. 3〔mA〕
3. 30〔mA〕
4. 300〔mA〕

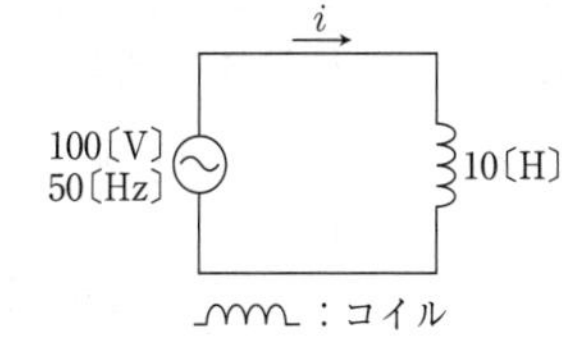

答：3

問31 図に示す回路において、**コイルのリアクタンスの値**で最も近いものは次のうちどれか。

1. 628〔Ω〕
2. 3.14〔kΩ〕
3. 6.28〔kΩ〕
4. 9.42〔kΩ〕

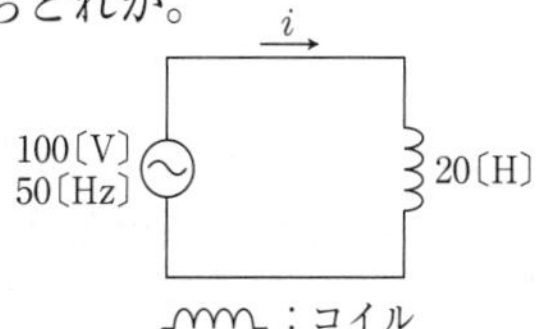

答：3

2. 電子回路

問1　小さい振幅の信号を、より大きな振幅の信号にする回路は、次のうちどれか。

1. 発振回路　　2. 増幅回路
3. 変調回路　　4. 検波回路

答：2

●**問2**　図に示すトランジスタ増幅器（A級増幅器）において、ベース・エミッタ間に加える直流電源 V_{BE} と、コレクタ・エミッタ間に加える直流電源 V_{CE} の極性の組合せで、正しいのは次のうちどれか。

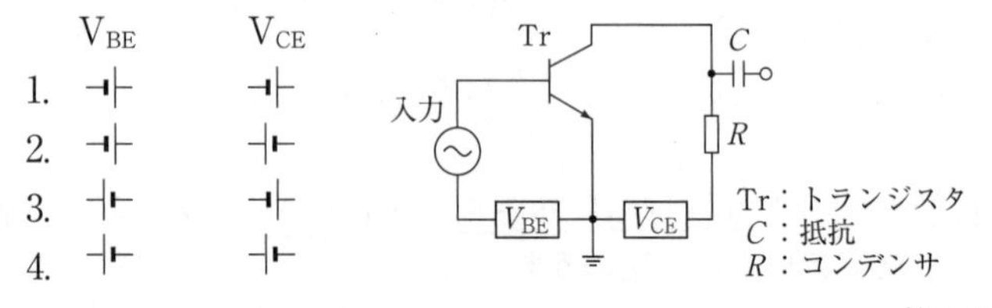

答：3

●**問3**　図は、トランジスタ増幅器の $V_{BE}-I_C$ 特性曲線の一例である。特性のP点を動作点とする増幅方式の名称として、正しいのは次のうちどれか。

1. A級増幅
2. B級増幅
3. C級増幅
4. AB級増幅

I_C：コレクタ電流
V_{BE}：ベース-エミッタ間電圧

答：1

【参考書】→ p.163 ～

問4　図は、トランジスタ増幅器の $V_{BE} - I_C$ 特性曲線の一例である。特性のP点を動作点とする増幅方式の名称として、正しいのは次のうちどれか。

1. A級増幅
2. B級増幅
3. C級増幅
4. AB級増幅

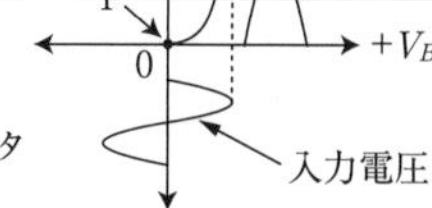

I_C：コレクタ電流
V_{BE}：ベース-エミッタ間電圧

答：2

問5　図は、トランジスタ増幅器の $V_{BE} - I_C$ 特性曲線の一例である。特性のP点を動作点とする増幅方式の名称として、正しいのは次のうちどれか。

1. A級増幅
2. B級増幅
3. C級増幅
4. AB級増幅

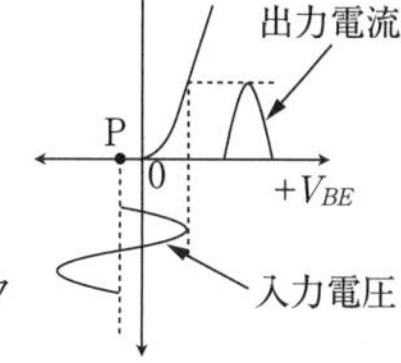

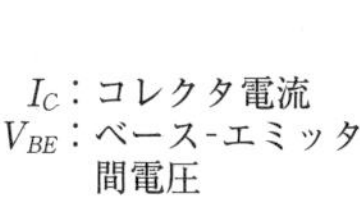

答：3

問6　**A級トランジスタ増幅器の特徴**について述べているのは、次のうちどれか。

1. 入力信号の無いとき、出力側に電流は流れない
2. 出力側の波形ひずみが大きい
3. 交流入力信号の無いときでも、常に出力側に電流が流れる
4. A級以外の増幅器に比べて効率が良い

答：3

問7　**B級トランジスタ増幅器の特徴**について述べているのは、次のうちどれか。

1. 出力側の波形ひずみがない
2. 高周波増幅のときのみに使用される
3. 交流入力信号が無いときでも常に出力側に電流が流れる
4. A級増幅よりも効率が良い

答：4

類1　エミッタ接地トランジスタ増幅器のA級増幅の特徴で、正しいのは次のうちどれか。

1. B級及びC級増幅に比べて効率が良い。
2. コレクタ回路に流れるコレクタ電流のひずみが大きい。
3. 入力の有無にかかわらず、いつでもコレクタ電流が流れている。
4. ベース電流の半周期だけ、コレクタ電流が流れる。

答：3

問8　次の記述は、あるトランジスタ(NPN形)増幅器の動作について述べたものである。正しいのはどれか。

入力信号が正の半周期のとき、その一部の時間しかコレクタ電流が流れないので、他の増幅方式のものに比べて**最も効率が良い**が、ひずみは最も大きい。

1. A級増幅器　　2. B級増幅器
3. AB級増幅器　　4. C級増幅器

答：4

問9　最も効率の良い増幅器は、次のうちどれか。

1. A級増幅器　　2. B級増幅器

3. AB 級増幅器　　4. C 級増幅器

答：4

問 10 **搬送波を発生**する回路は、次のうちどれか。

1. 発振回路
2. 変調回路
3. 増幅回路
4. 検波回路

答：1

問 11 水晶発振器の周波数変動の原因として、**最も関係の少ない**ものは、次のうちどれか。

1. 発振器の負荷の変動
2. 発振器の内部雑音の変動
3. 発振器の電源電圧の変動
4. 発振器の周囲温度の変化

答：2

問 12 二つの図は、**振幅変調波の周波数成分**の分布を示している。これに対応する電波の型式の組合せで、正しいのはどれか。ただし、点線は搬送波成分がないことを示す。

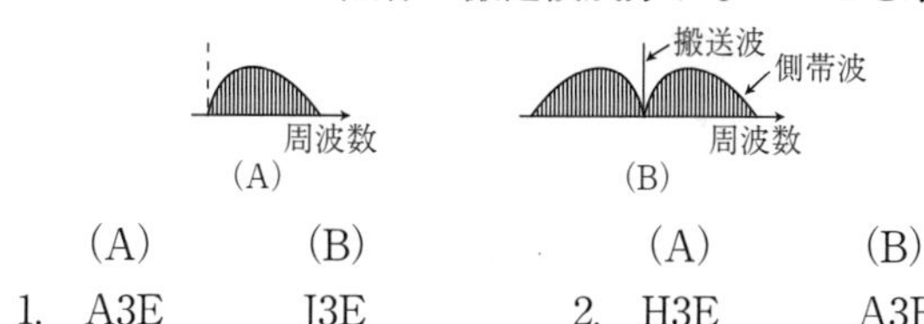

	(A)	(B)
1.	A3E	J3E
2.	H3E	A3E
3.	J3E	A3E
4.	J3E	H3E

答：3

問13　搬送波を、音声等の電気信号によって、**変化**させる回路は、次のうちどれか。

1. 発振回路
2. 変調回路
3. 増幅回路
4. 検波回路

答：2

類3　搬送波の振幅を、音声等の電気信号によって変化させる働きは、次のうちどれか。

1. 発振
2. 振幅変調
3. 周波数変調
4. 検波

答：2

問14　DSB (A3E) **電波の周波数成分**として、正しいのはどれか。

1. 上側波帯
2. 搬送波と上側波帯
3. 搬送波と下側波帯
4. 搬送波、上側波帯及び下側波帯

答：4

問15　SSB (J3E) **電波の周波数成分**は、次のうちどれか。

1. 上側波帯及び下側波帯
2. 上側波帯又は下側波帯のいずれか一つ
3. 搬送波、上側波帯及び下側波帯

【参考書】→ p.167 ～

4. 搬送波

答：2

問 16 音声信号で変調された電波で、占有周波数帯幅が通常、**最も狭い**のは、次のうちどれか。

1. ATV 波　　2. FM 波
3. DSB 波　　4. SSB 波

答：4

問 17 同じ音声信号を用いて振幅変調(AM)と周波数変調(FM)をおこなった時、AM 波に比べて FM 波の占有周波数帯域幅の一般的な特徴はどれか。

1. 広い　　2. 狭い
3. 同じ　　4. 半分

答：1

問 18 次の記述は、振幅変調方式(A3E)と比べたときの周波数変調方式(F3E)の特徴について述べたものである。**誤っている**のはどれか。

1. 雑音に強い
2. 音質が良い
3. 占有周波数帯幅が狭い
4. 主に超短波帯以上で用いられる

答：3

問 19 変調された信号の中から、**音声信号を取り出す**回路は、次のうちどれか。

1. 検波回路
2. 増幅回路

3. 変調回路

4. 発振回路

答：1

問20 **直線検波回路**の特性についての説明で、正しいのはどれか。

1. 入力が大きいとき、入力対出力の関係が直線的である
2. 入力がある値を超えると出力は一定になる
3. 入力が大きくなるとひずみが多くなる
4. 比較的小さい入力電圧で動作する

答：1

問21 図は、ある**復調回路の入力対出力特性**である。これは、次のどの電波を復調するのに用いられるか。

1. F3E 電波
2. A1A 電波
3. A3E 電波
4. J3E 電波

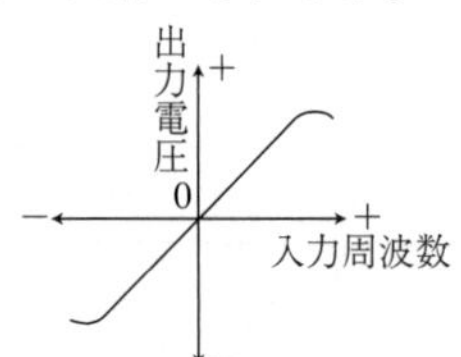

答：1

● **問22** 周波数 f の信号と、周波数 f_0 の局部発振器の出力を周波数混合器で**混合**したとき、出力側に現われる周波数成分は、次のうちどれか。ただし、$f > f_0$ とする。

1. $f \pm f_0$
2. $f \times f_0$
3. $\frac{f + f_0}{2}$
4. $\frac{f}{f_0}$

【参考書】→ p.213

工学基礎 電子回路 送信機 受信機 電波障害 電源 空中線系 電波伝搬 無線測定

答：1

問23　エミッタ接地トランジスタ増幅器において、コレクタ電圧を一定として、ベース電流を3〔mA〕から4〔mA〕に変えたところ、コレクタ電流が180〔mA〕から240〔mA〕に増加した。このトランジスタの**電流増幅率**は幾らか。

1.　30　　2.　40　　3.　50　　4.　60

答：4

問24　搬送波の振幅をA、信号波の振幅をBとしたとき、**振幅変調(A3E)波の変調度M**を表す次の式の□内に入れるべきものはどれか。

$$M = \frac{\square}{A} \times 100〔\%〕$$

1.　A＋B　　2.　A－B　　3.　B－A　　4.　B

答：4

問25　振幅が150〔V〕の搬送波を振幅が90〔V〕の信号波で振幅変調した場合の**変調度**は幾らか。

1.　16〔%〕　　2.　40〔%〕　　3.　60〔%〕　　4.　66〔%〕

答：3

問26　振幅が150〔V〕の搬送波を信号波で振幅変調したとき、変調度が40〔%〕であった。**信号波の振幅の最大値**は幾らか。

＊振幅が5〔V〕，変調度が60〔%〕という設問もある。

1.　240〔V〕　　2.　210〔V〕　　3.　90〔V〕　　4.　60〔V〕

答：4

●問27　オシロスコープにより振幅変調波の波形を観測し、

波形について測定した結果は図のとおりであった。このとき**変調度**は幾らか。

1. 30〔%〕
2. 40〔%〕
3. 50〔%〕
4. 60〔%〕

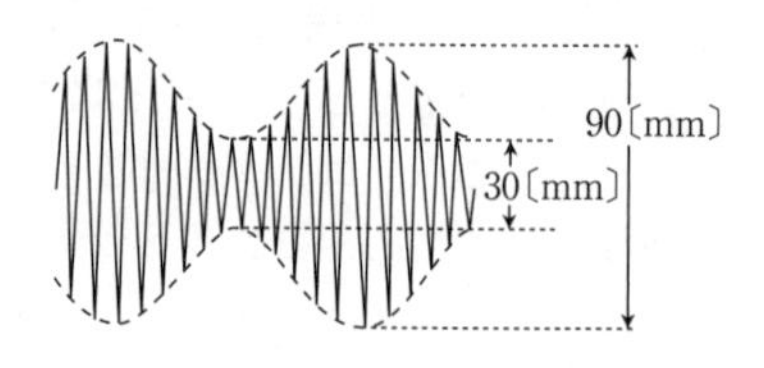

答：3

問 28　図は、振幅が一定の搬送波を単一正弦波で振幅変調した変調波(A3E)の波形である。このときの**変調度**は幾らか。

1. 15〔%〕
2. 20〔%〕
3. 30〔%〕
4. 50〔%〕

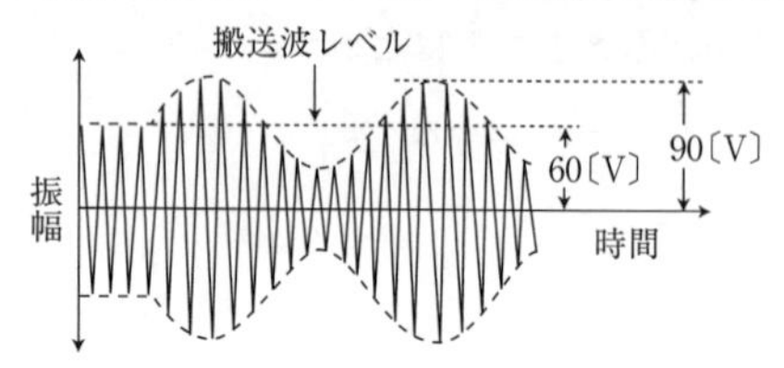

答：4

問 29　図は、振幅が 150〔V〕の搬送波を単一正弦波の信号波で振幅変調した変調波(A3E)の波形である。変調度が 60〔%〕のとき、A の値は幾らか。

＊振幅が 15〔V〕という設問もある。

1. 300〔V〕
2. 240〔V〕
3. 210〔V〕
4. 180〔V〕

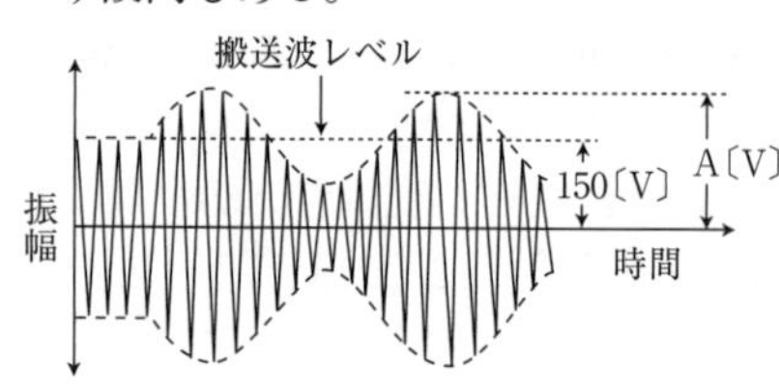

答：2

【参考書】→ p.166, p.213

問30　最大周波数偏移が5〔kHz〕の場合、最高周波数3〔kHz〕の信号波で変調すると**FM波の占有周波数帯幅**は幾らになるか。

1.　8〔kHz〕　　2.　11〔kHz〕
3.　16〔kHz〕　　4.　30〔kHz〕

答：3

過去の第4級アマチュア無線技士国家試験の実施結果

年度	申請者数(人)	受験者数(人)	合格者数(人)	合格率(%)
H30	2,805	2,599	2,047	78.8
R01	3,078	2,814	2,214	78.7
R02	2,349	1,697	1,392	82.2
R03	2,692	2,384	1,916	80.4
R04	2,190	2,007	1,536	76.5

総務省資料

3. 送信機

問1　次の記述は、送信機が備えなければならない条件について述べたものである。［　　］内に入れるべき字句の組合せで、正しいのは次のうちどれか。

(1) 送信電波の［ A ］が安定であること
(2) 送信電波の占有周波数帯幅はできるだけ［ B ］こと
(3) スプリアス発射電力が［ C ］こと
　等がある。

	A	B	C
1.	電　力	広い	小さい
2.	電　力	狭い	大きい
3.	周波数	広い	大きい
4.	周波数	狭い	小さい

答：4

問2　DSB (A3E) 送信機が**過変調**の状態になったとき、どのような現象を生じるか。

1. 側波帯が広がる。
2. 寄生振動が発生する。
3. 搬送波の周波数が変動する。
4. 占有周波数帯幅が狭くなる。

答：1

問3　DSB (A3E) 送信機において、**占有周波数帯幅が広がる**場合の説明として、**誤っている**のは、どれか。

1. 送信機が寄生振動を起こしている

【参考書】→ p.169

2. 変調器の出力に非直線ひずみの成分がある
3. 変調度が 100〔%〕を超えて過変調になっている
4. 変調器の周波数特性が高域で低下している

答：4

問4　無線電話送受信装置において、**プレストークボタン**(PTT スイッチ)を押すとどのような動作状態になるか。

1. アンテナが受信機に接続され、送信状態となる。
2. アンテナが送信機に接続され、送信状態となる。
3. アンテナが送信機と受信機に接続され、送受信状態となる。
4. アンテナが受信機に接続され、受信状態となる。

答：2

問5　無線送信機に**擬似負荷**を用いる目的として、正しいものはどれか。

1. 送信周波数を安定にするため
2. 調整中に電波を外部に出さないため
3. 送信機の消費電力を節約するため
4. 寄生振動を防止するため

答：2

問6　DSB(A3E)送信機では、音声信号によって搬送波をどのように変化させるか。

1. 搬送波の発射を断続させる
2. 振幅を変化させる
3. 周波数を変化させる
4. 振幅と周波数をともに変化させる

答：2

問7　水晶発振器(回路)の**周波数変動を少なく**するための方法として、**誤っている**ものは次のうちどれか。

※「送信機の発振周波数を安定にするための方法として適当でないものは、次のうちどれか」という設問もある。

1. 発振器の次段に緩衝増幅器を設ける
2. 発振器として水晶発振回路を用いる
3. 発振器と後段との結合を密にする
4. 発振器の電源電圧の変動を少なくする

答：3

● 問8　送信機の回路において、**緩衝増幅器**の配置で正しいのは次のうちどれか。

1. 周波数逓倍器と励振増幅器の間
2. 励振増幅器と電力増幅器の間
3. 音声増幅器の次段
4. 発振器の次段

答：4

問9　送信機の**緩衝増幅器**は、どのような目的で設けられているか。

1. 所要の送信機出力まで増幅するため
2. 後段の影響により発振器の発振周波数が変動するのを防ぐため
3. 終段増幅器の入力として十分な励振電圧を得るため
4. 発振周波数の整数倍の周波数を取り出すため

答：2

問10　送信機の**緩衝増幅器**についての記述で、**誤っている**

【参考書】→ p.171

のはどれか。

1. 発振器との結合は疎である
2. 発振周波数の整数倍の周波数を取り出す
3. 発振器と周波数逓倍器の間に設けられる
4. 後段の影響による発振器の発振周波数の変動を防ぐ

答：2

問 11 図に示す DSB (A3E) 送信機の構成において、**送信周波数** f_C と、**発振周波数** f_0 との関係で正しいのは、どれか。

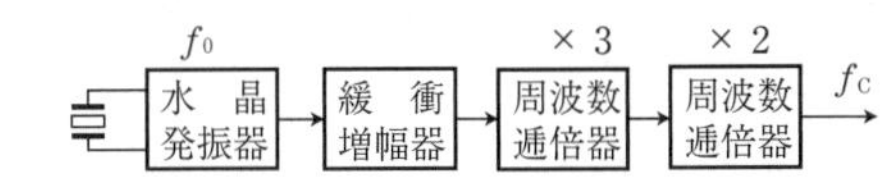

1. $f_0 = \frac{1}{2} f_C$
2. $f_0 = \frac{1}{3} f_C$
3. $f_0 = \frac{1}{5} f_C$
4. $f_0 = \frac{1}{6} f_C$

答：4

問 12 送信機の周波数逓倍器はどのような目的で設けられることがあるか。

1. 発振器の発振周波数が変動するのを防ぐため。
2. 発振器の発振周波数から低調波を取り出すため。
3. 発振器の発振周波数を整数倍して、希望の周波数にするため。
4. 高調波に同調させて、これを抑圧するため。

答：3

問13　次の記述は、DSB（A3E）方式と比べたときのSSB（J3E）方式の特長について述べたものである。**誤っている**のは、次のうちどれか。

1. 音声などの信号が加わったときだけ電波が発射される。
2. 占有周波数帯幅が狭い。
3. 受信帯域幅が1/2になるので雑音が減少する。
4. 送受信機の回路構成が簡単である。

答：4

●問14　SSB（J3E）送信機の構成及び各部の働きで、**誤っているのは**どれか。

1. 送信出力波形のひずみを軽減するため、ALC回路を設けている
2. 平衡変調器を設けて、搬送波を除去している
3. 不要な側波帯を除去するため、帯域フィルタを設けている
4. 変調波を周波数逓倍器に加えて所要の周波数を得ている

答：4

問15　**送信機**の構成において、SSB（J3E）波を得るために用いられる**変調器**は、次のうちどれか。

1. 位相変調器　　2. 周波数変調器
3. 平衡変調器　　4. 高電力変調器

答：3

問16　SSB（J3E）送信機において、**搬送波の抑圧**に役立っているのはどれか。

1. ALC回路　　2. VOX回路

【参考書】→ p.172

3. 平衡変調器　　　　4. クラリファイア（又はRIT）

※「振幅制限器」、「スピーチクリッパ」の解答選択肢もある。

答：3

問17　図は、理想的に動作するSSB（J3E）送信機の構成の一部を示したものである。図の**出力側の周波数成分**で、正しいのは次のうちどれか。

1. 上側波帯と下側波帯
2. 上側波帯
3. 下側波帯
4. 上側波帯、下側波帯及び搬送波

答：1

●**問18**　次の文の［　　］内にいれるべき字句の組合せで、正しいのはどれか。

SSB（J3E）送信機の動作において、音声信号波と第1局部発振器で作られた第1副搬送波を［ A ］に加えると、**上側波帯と下側波帯**が生ずる。この両側波帯のうち**一方の側波帯**を［ B ］で取り出して、中間周波数のSSB波を作る。

	A	B
1.	周波数変換器	帯域フィルタ
2.	周波数変換器	中間増幅器
3.	平衡変調器	中間増幅器
4.	平衡変調器	帯域フィルタ

答：4

問19　SSB（J3E）送信機において、下側波帯又は上側波帯の**いずれか一方のみを取り出す**目的で設けるものは、次のうちどれか。

1. 平衡変調器　　2. 帯域フィルタ(BPF)
3. 周波数逓倍器　　4. 周波数混合器

答：2

問20 図に示すSSB(J3E)波を発生させるための回路の構成において、**出力に現れる周波数成分**は、次のうちどれか。

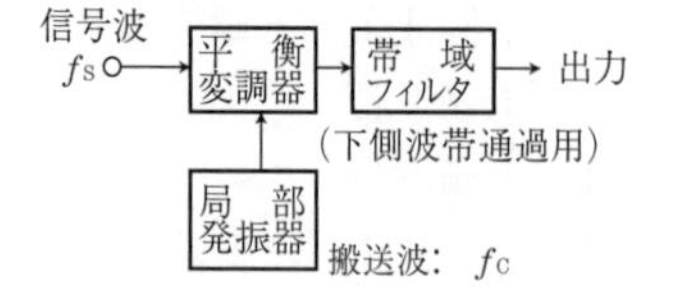

1. $f_C - f_S$
2. $f_C + f_S$
3. $f_C \pm f_S$
4. $f_C + 2f_S$

答：1

類1 図に示すSSB(J3E)波を発生させるための回路の構成において、**出力に現れる周波数成分**は、次のうちどれか。

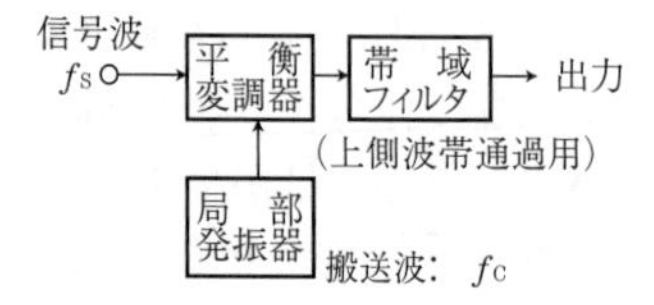

1. $f_C - f_S$
2. $f_C + f_S$
3. $f_C \pm f_S$
4. $f_C + 2f_S$

答：2

問21 図に示すSSB(J3E)波を発生させるための回路の構成において、**出力に現れる周波数**は、次のうちどれか。

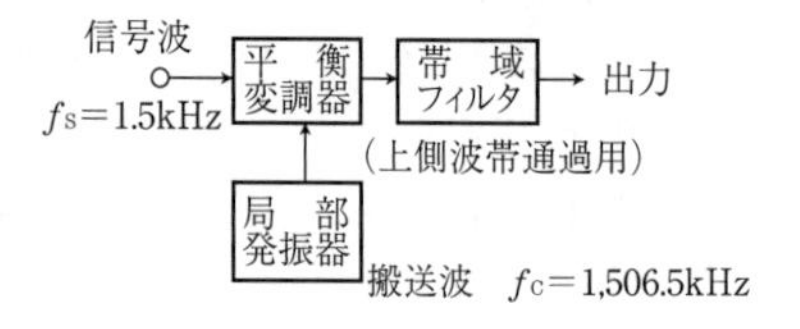

1. 1,503.5〔kHz〕　　2. 1,505〔kHz〕

3. 1,508 〔kHz〕　　4. 1,509.5〔kHz〕

答：3

問22 図は、SSB(J3E)送信機の構成の一部を示したものである。空欄の部分に入れるべき名称は次のうちどれか。

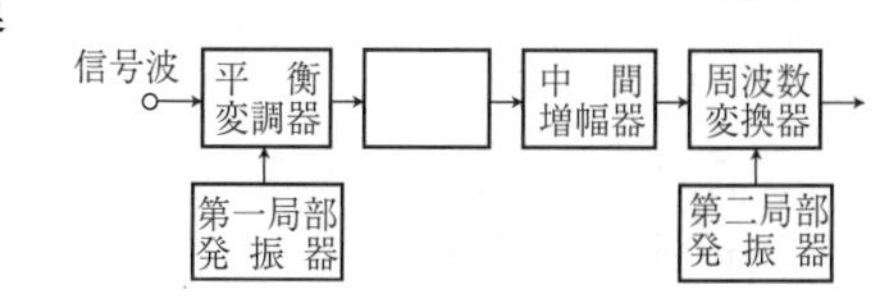

1. 周波数逓倍器
2. 帯域フィルタ(BPF)
3. 水晶発振器
4. 緩衝増幅器

答：2

問23 振幅変調方式の送信機で、上側波帯又は下側波帯のうちの一方の側波帯を発射するのは、次のうちどれか。

1. CW(A1A)送信機　　2. FM(F3E)送信機
3. DSB(A3E)送信機　　4. SSB(J3E)送信機

答：4

問24 次の記述は、SSB(J3E)送信機に用いられるどの回路について述べたものか。

この回路は、電力増幅器にある一定レベル以上の入力電圧が加わったときに、送信電波の波形がひずんだり、占有周波数帯幅が過度に広がらないようにするため励振増幅器などの増幅度を自動的に下げて電力増幅器の入力レベルを制限する。

1. ALC回路　　2. IDC回路
3. AFC回路　　4. ANL回路

答：1

問25 次の記述の□内に入れるべき字句の組合せで、正しいのはどれか。

SSB (J3E) 送信機では、[A]増幅器の入力レベルを制限し、送信出力がひずまないように[B]回路が用いられる。

	A	B		A	B
1.	電力	IDC	2.	電力	ALC
3.	緩衝	IDC	4.	緩衝	ALC

答：2

問26 SSB (J3E) トランシーバの送信部において、送話の**音声の有無**によって、**自動的に送信と受信を切り替える**働きをするのは、次のうちどれか。

1. ALC 回路
2. VOX 回路
3. 帯域フィルタ
4. 平衡変調器

答：2

問27 FM (F3E) 送信機では、音声信号によって搬送波をどのように変化させるか。

1. 搬送波の発射を断続させる
2. 振幅を変化させる
3. 周波数を変化させる
4. 振幅と周波数をともに変化させる

答：3

問28 自動車に搭載する無線電話装置で**自動車雑音に強い**変調方式のものは、次のうちどれか。

1. FM (F3E) 方式
2. SSB (J3E) 方式

【参考書】→ p.174

3. SSB (H3E) 方式　　　　4. DSB (A3E) 方式

答：1

問 29　図は間接 FM 方式の FM (F3E) 送信機の構成例を示したものである。空欄の部分に入れるべき名称の組合せで、正しいのは次のうちどれか。

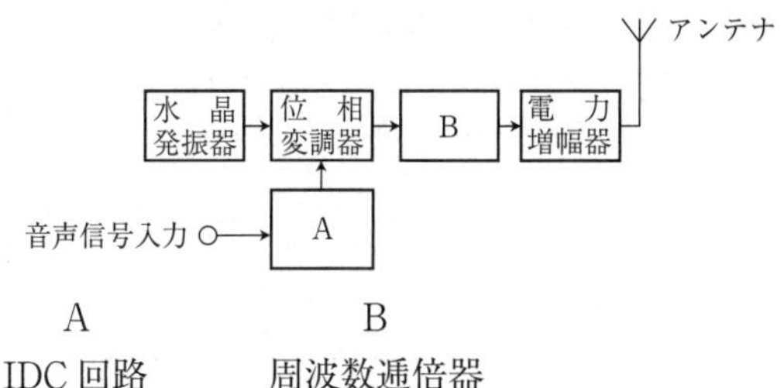

	A	B
1.	IDC 回路	周波数逓倍器
2.	IDC 回路	検波器
3.	ALC 回路	周波数逓倍器
4.	ALC 回路	検波器

答：1

問 30　間接 FM 方式の **FM (F3E) 送信機**において、**変調波を得る**には、図の空欄の部分に何を設ければよいか。

1. 位相変調器
2. 励振増幅器
3. 緩衝増幅器
4. 周波数逓倍器

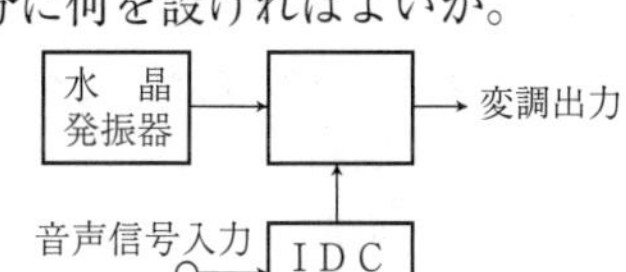

答：1

問 31　間接 FM 方式の **FM (F3E) 送信機**に通常**使用されていない**のは、次のうちどれか。

1. 平衡変調器　　2. IDC 回路
3. 周波数逓倍器　　4. 水晶発振器

※「ALC 回路」、「緩衝増幅器」という解答選択肢もある。

答：1

問 32　直接 FM 方式の FM (F3E) 送信機において、大きな音声信号が加わったときに周波数偏移を一定値内に収めるためには、図の空欄の部分に何を設ければよいか。

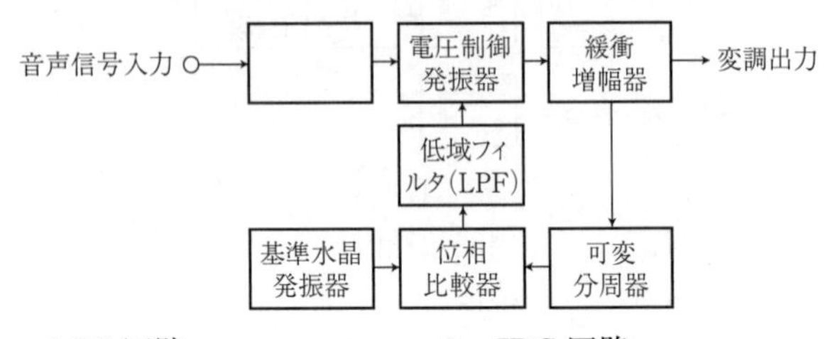

1. AGC 回路　　2. IDC 回路
3. 音声増幅器　　4. BFO 回路

答：2

●**問 33**　間接 FM 方式の FM (F3E) 送信機において、大きな音声信号が加わっても**一定の周波数偏移**内に収めるためには、図の空欄の部分に何を設ければよいか。

1. AGC 回路
2. IDC 回路
3. 音声増幅器
4. 緩衝増幅器

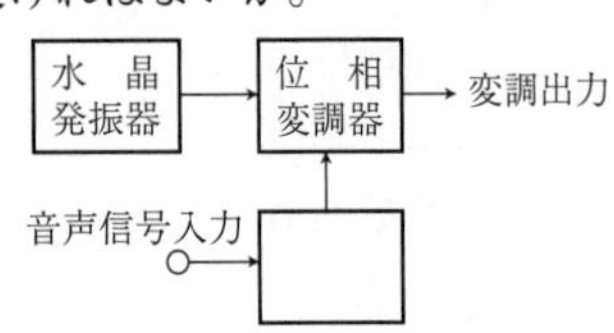

答：2

問 34　図は、直接 FM 方式の FM (F3E) 送信機の原理的な構成例を示したものである。[　　　]内に入れるべき字句の組合せで正しいのは次のうちどれか。

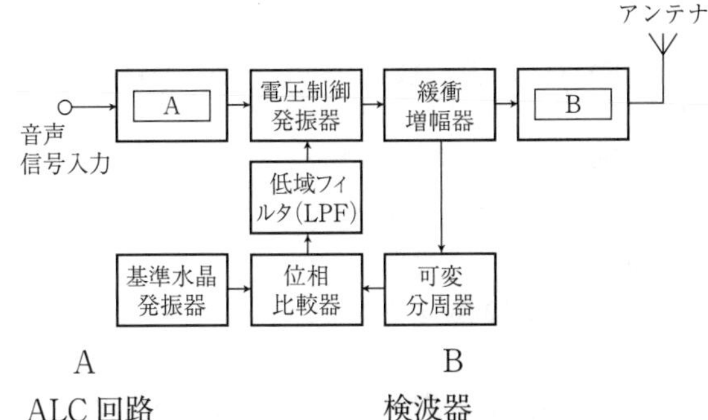

	A	B
1.	ALC 回路	検波器
2.	IDC 回路	検波器
3.	ALC 回路	電力増幅器
4.	IDC 回路	電力増幅器

答：4

問 35 直接 FM 方式の FM (F3E) 送信機において、変調波を得るには、図の空欄の部分に何を設ければよいか。

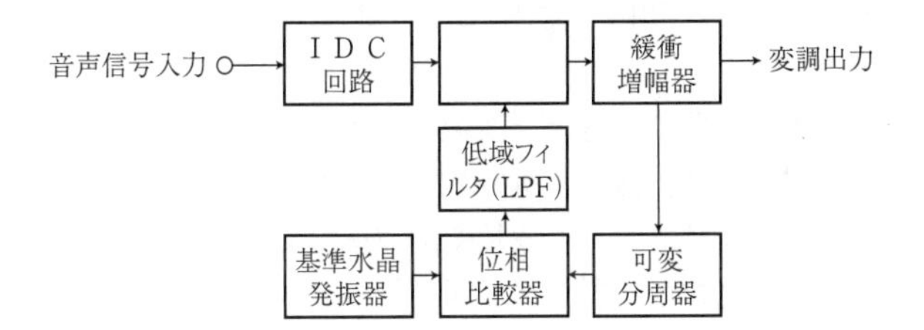

1. 励振増幅器　　2. 音声増幅器
3. 周波数逓倍器　　4. 電圧制御発振器

答：4

● 問36　FM (F3E) 送信機において、**IDC 回路**を設ける目的は何か。

1. 寄生振動の発生を防止する。
2. 高調波の発生を除去する。
3. 発振周波数を安定にする。
4. 周波数偏移を制限する。

答：4

問37　FM (F3E) 送信機において、**周波数偏移を大きくする**方法として用いられるのは、次のうちどれか。

1. 周波数逓倍器の逓倍数を大きくする。
2. 緩衝増幅器の増幅度を大きくする。
3. 送信機の出力を大きくする。
4. 変調器と次段との結合を疎にする。

答：1

問38　**FM (F3E) 送信機**についての記述で、正しいのはどれか。

1. IDC 回路で、送信周波数の変動を防止している
2. 周波数逓倍器で、所要の周波数偏移を得ている
3. 平衡変調器で、周波数変調波を得ている
4. 終段電力増幅器で、変調を行っている

答：2

問39　直接 FM 方式の FM (F3E) 送信機についての記述

工学基礎
電子回路
送信機
受信機
電波障害
電源
空中線系
電波伝搬
無線測定

で、正しいのはどれか。

1. 励振増幅器で、周波数変調を行っている。
2. 終段電力増幅器で、振幅変調を行っている。
3. 電圧制御発振器で、周波数変調を行っている。
4. IDC 回路で、送信電力の変動を防止している。

答：3

問40 **FM(F3E)通信方式**の説明で、**誤っているものはどれか。**

1. 同じ周波数の妨害波があっても、受信希望の信号波が強ければ妨害波は抑圧される
2. 受信入力レベルが少しくらい変動しても、出力レベルはほぼ一定である
3. 周波数偏移を大きくしても、占有周波数帯幅は変わらない
4. AM(A3E)通信方式に比べて、受信出力の音質が良い

答：3

4. 受信機

問1　無線受信機のスピーカから大きな雑音が出ているとき，これが**外来雑音**によるものかどうかを確かめるには、どうすればよいか。

1. アンテナ端子とアース端子間を導線でつなぐ
2. アース線を外し、受信機の同調をずらす
3. アンテナ端子とアース端子間を高抵抗でつなぐ
4. アンテナを外し、新しい別のアンテナと交換する

答：1

問2　受信機で、**影像周波数に対する選択度を上げる**のに最も重要な役割をするものは、次のうちどれか。

1. 高周波増幅器
2. 周波数混合器
3. 中間周波増幅器
4. 低周波増幅器

答：1

問3　スーパヘテロダイン受信機に、**高周波増幅部**がついている場合の利点で、**誤っている**のはどれか。

1. 感度がよくなる
2. 影像周波数混信が減る
3. 信号対雑音比がよくなる
4. 局部発振器の出力が、空中線から放射されやすい

答：4

問4　スーパヘテロダイン受信機において、**影像周波数混**

【参考書】→ p.177

信を軽減する方法で、**誤っている**のは次のうちどれか。

1. アンテナ回路にウェーブトラップをそう入する
2. 高周波増幅部の選択度を高くする
3. 中間周波増幅部の利得を下げる
4. 中間周波数を高くする

答：3

●**問5** 次の文の□内に当てはまる字句の組合せは、下記のうちどれか。

シングルスーパヘテロダイン受信機において、[A]を設けると、周波数変換部で発生する**雑音**の影響が少なくなるため[B]が改善される。

	A	B
1.	高周波増幅部	選択度
2.	中間周波増幅部	信号対雑音比
3.	周波数変換部	選択度
4.	高周波増幅部	信号対雑音比

※Bに「安定度」という解答選択肢もある。

答：4

問6 スーパヘテロダイン受信機の**周波数変換部の（働き）**は次のうちのどれか。

※（作用）という設問もある。

1. 受信周波数を音声周波数に変える
2. 音声周波数を中間周波数に変える
3. 中間周波数を音声周波数に変える
4. 受信周波数を中間周波数に変える

答：4

問7　スーパヘテロダイン受信機の特徴で**誤っている**のは、次のうちどれか。

＊「検波器は受信周波数を中間周波数に変換する前段に置かれている」という解答選択肢もある。

1. 受信周波数を中間周波数に変換している
2. 選択度を良くすることができる
3. 受信周波数を変えないで、そのまま増幅している
4. イメージ(影像)周波数混信を受けることがある

答：3

問8　スーパヘテロダイン受信機の**局部発振器に必要**とされる条件は、次のうちどれか。

1. 水晶発振器であること
2. 発振出力の振幅が変化できること
3. スプリアス成分が少ないこと
4. 発振周波数が受信周波数より低いこと

答：3

問9　受信機の**中間周波増幅器**では、**一般に**どのような周波数成分が増幅されるか。

1. 入力信号周波数と局部発振周波数の差の周波数成分
2. 入力信号周波数と局部発振周波数の和の周波数成分
3. 局部発振周波数成分
4. 入力信号周波数成分

答：1

問10　受信機で、**近接周波数に対する選択度特性**に最も影響を与えるものは、次のうちどれか。

【参考書】→ p.179

※「選択度特性を上げるのに最も重要な役割をするものは」という設問もある。

1. 中間周波増幅器
2. 高周波増幅器
3. 周波数変換器
4. 検波器

答：1

問11　スーパヘテロダイン受信機において、**中間周波変成器（IFT）の調整が崩れ、帯域幅が広がる**とどうなるか。

1. 強い電波を受信しにくくなる
2. 周波数選択度が良くなる
3. 近接周波数による混信を受けやすくなる
4. 出力の信号対雑音比が良くなる

答：3

問12　スーパヘテロダイン受信機において、**近接周波数による混信を軽減**する方法で、最も効果的なのは、次のうちどれか。

1. AGC 回路を「断」（OFF）にする
2. 高周波増幅器の利得を下げる
3. 局部発振器に水晶発振回路を用いる
4. 中間周波増幅部に適切な特性の帯域フィルタ（BPF）を用いる

答：4

問13　図は、スーパヘテロダイン受信機の構成図である。**音声信号を取り出す**働きをするところは、次のうちどれか。

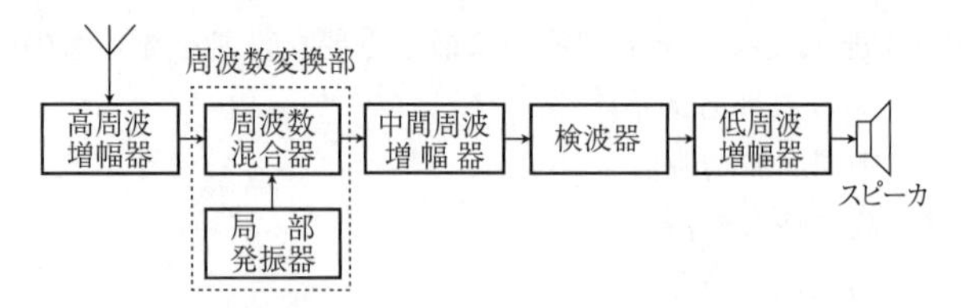

1. 高周波増幅器
2. 検波器
3. 中間周波増幅器
4. 周波数混合器

答：2

● 問 14 　図に示すDSB(A3E)スーパヘテロダイン受信機の**構成には誤った部分**がある。これを正すにはどうすればよいか。

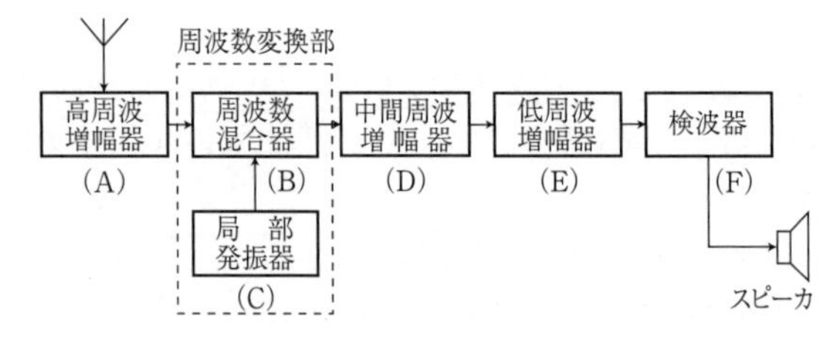

1. (A)と(D)を入れ替える
2. (B)と(C)を入れ替える
3. (E)と(F)を入れ替える
4. (D)と(F)を入れ替える

答：3

● 問 15 　図は、DSB(A3E)ダブルスーパヘテロダイン受信機

【参考書】→ p.178

の構成の一部を示したものである。**空欄**の部分に入れるべきものは、次のうちどれか。

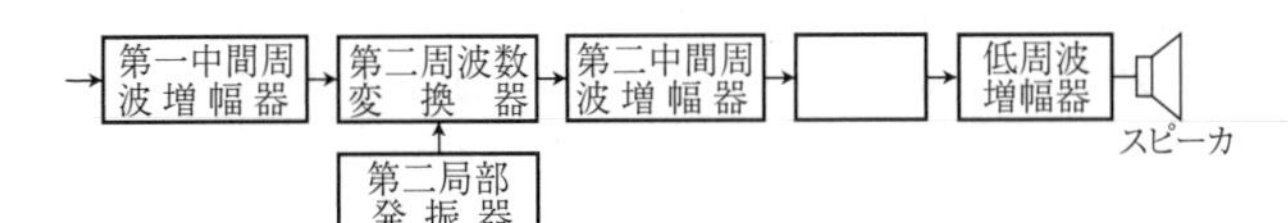

1. 周波数弁別器　　2. 検波器
3. 振幅制限器　　4. 緩衝増幅器

答：2

問 16　スーパヘテロダイン受信機に**直線検波器**が用いられる理由で、**誤っている**のはどれか。

1. 大きな中間周波出力電圧が検波器に加わるから
2. 入力が小さくても大きな検波出力が取り出せるから
3. 大きな入力に対してひずみが少ないから
4. 忠実度を良くすることができるから

答：2

問 17　受信機の**Sメータ**が指示するものは、次のうちどれか。

1. 局部発振器の出力電流
2. 電源の一次電圧
3. 検波電流
4. 電源の出力電圧

答：3

●問 18　受信電波の強さが変動しても、**受信出力を一定**にする働きをするものは、何と呼ばれるか。

1. AGC　　2. BFO

3. AFC　　　　4. IDC

答：1

●**問19**　受信電波の強さが変動すると、出力が不安定となる。この**出力を一定に保つ**ための働きをする回路はどれか。

1. クラリファイヤ回路（又はRIT回路）
2. スケルチ回路
3. AGC回路
4. IDC回路

答：3

問20　次の記述の［　　］内に入れるべき字句の組合せで、正しいのはどれか。

フェージングなどにより受信電波が時間とともに変化する場合、電波が**強くなったとき**には受信機の利得を［ A ］、また、電波が**弱くなったとき**には利得を［ B ］て、受信機の出力を一定に保つ働きをする回路を［ C ］という。

	A	B	C
1.	上げ	下げ	AGC回路
2.	下げ	上げ	AGC回路
3.	上げ	下げ	AFC回路
4.	下げ	上げ	AFC回路

答：2

問21　受信機に**AGC回路**を設ける理由は、次のうちどれか。

1. フェージングの影響を少なくする
2. 選択度をよくする
3. 影像周波数混信を少なくする

4. 増幅度を大きくする

答：1

問22 SSB (J3E) **電波の周波数成分**を表した図はどれか。ただし、点線は搬送波成分がないことを示す。

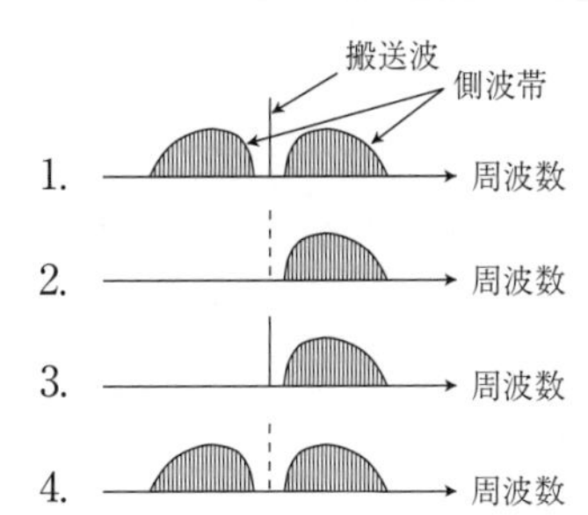

答：2

問23 SSB (J3E) 受信機において、SSB **変調波から音声信号を得る**ためには、図の空欄の部分に何を設ければよいか。

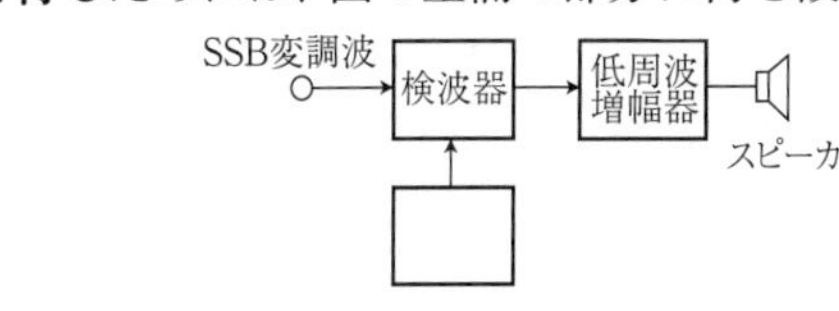

1. クラリファイヤ (またはRIT)
2. スケルチ
3. AGC
4. 復調用局部発振器

答：4

問24 SSB (J3E) 受信機において、**変調波から音声信号を**

得るため、空欄の部分に用いるものは次のうちどれか。

1. 中間周波増幅器
2. クラリファイヤ（または RIT）
3. 帯域フィルタ（BPF）
4. 検波器

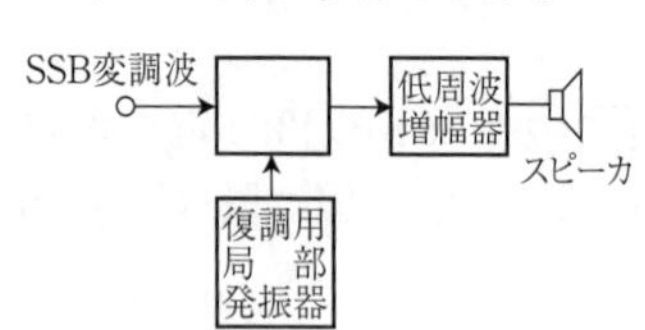

答：4

● 問25　SSB（J3E）受信機において、**クラリファイヤ（または RIT）**を設ける目的はどれか。

1. 受信信号の明りょう度を良くする。
2. 受信強度の変動を防止する。
3. 受信周波数目盛を校正する。
4. 受信雑音を軽減する。

答：1

問26　SSB（J3E）受信機で受信しているとき、受信周波数がずれてスピーカから聞こえる音声がひずんできた場合、明りょう度を良くするために調整するのは、次のうちどれか。

A

1. AGC 回路を断にする。
2. 帯域フィルタ（BPF）の通過帯域幅を狭くする。
3. 音量調整器を回して音量を大きくする。
4. クラリファイヤ（または RIT）を調整し直す。

B

1. AGC
2. IDC

【参考書】→ p.183

3. 音量調整
4. クラリファイヤ（又はRIT）

答 A：4　B：4

●問27　**クラリファイヤ（またはRIT）**の動作で、正しいのはどれか。

1. 局部発振器の発振周波数を変化させる
2. 低周波増幅器の出力を変化させる
3. 検波器の出力を変化させる
4. 高周波増幅器の同調周波数を変化させる

答：1

問28　SSB（J3E）受信機で、**構成上不要**なものはどれか。

1. クラリファイヤ（またはRIT）
2. AGC
3. スピーチクリッパ
4. 局部発振器

答：3

問29　FM（F3E）**受信機**において、**復調器**として用いられるのは、次のうちどれか。

1. リング検波器
2. 周波数弁別器
3. 二乗検波器
4. ヘテロダイン検波器

答：2

問30　図は、FM（F3E）**受信機**の構成の一部を示したものである。**空欄**の部分に入れるべき名称で、正しいのは次のうちどれか。

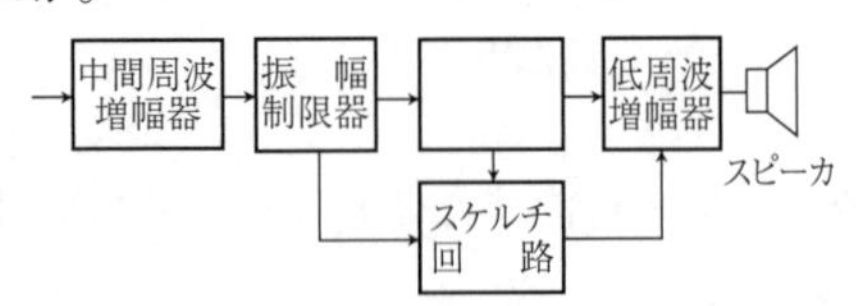

1. 周波数弁別器　　　　　2. 緩衝増幅器
3. クラリファイヤ（またはRIT）　4. 周波数逓倍器

答：1

類1 図はFM（F3E）受信機の構成の一部を示したものである。空欄の部分に入れるべき名称で、正しいものは次のうちどれか。

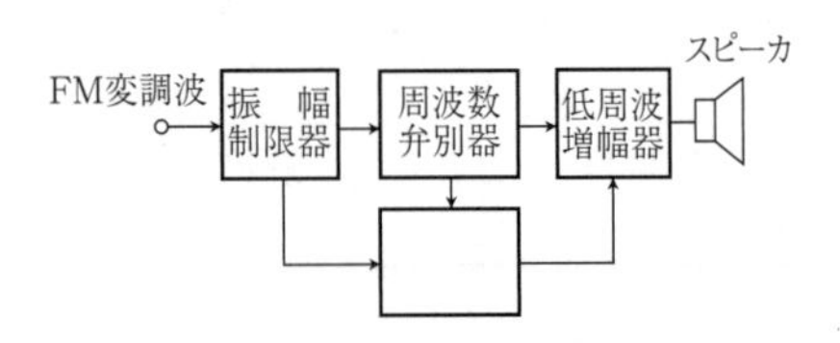

1. スケルチ回路　　　　2. 定電圧回路
3. 局部発振器　　　　　4. AGC回路

※「BFO回路」という解答選択肢もある。

答：1

問31 FM（F3E）受信機の**振幅制限器**の働きについて述べているのは次のうちどれか。

1. 受信電波が無くなったときに生じる大きな雑音を消す。
2. 受信電波の振幅を一定にして、振幅変調成分を取り除く。
3. 選択度を良くし近接周波数による混信を除去する。

【参考書】→ p.183

4. 受信電波の周波数の変化を振幅の変化に直し、信号を取り出す。

答：2

問 32 次の記述の［　　］内に入れるべき字句の組合せで、正しいのはどれか。

周波数弁別器は、［ A ］の変化を［ B ］の変化に変換する回路であり、主として FM 波の［ C ］に用いられる。

	A	B	C
1.	周波数	振幅	復調
2.	周波数	振幅	変調
3.	振幅	周波数	復調
4.	振幅	周波数	変調

答：1

類 2 次の記述の［　　］内に入れるべき字句の組合せで、正しいのはどれか。

周波数弁別器は、［ A ］の変化から信号波を取り出す回路であり、主として FM 波の［ B ］に用いられる。

	A	B
1.	周波数	復調
2.	周波数	変調
3.	振幅	復調
4.	振幅	変調

答：1

問 33 次の記述は F3 (F3E) 受信機の周波数弁別器の働きについて述べたものである。正しいのはどれか。

1. 近接周波数による混信を除去する。
2. 受信電波が無くなったときに生じる大きな雑音を消す。
3. 受信電波の振幅を一定にして、振幅変調成分を取り除く。
4. 受信電波の周波数の変化から、信号波を取り出す。

答：4

問34 FM(F3E)受信機の**スケルチ回路**についての記述で、正しいものはどれか。

1. 受信電波の周波数成分を振幅の変化に直し、信号を取り出す回路
2. 受信電波の振幅を一定にして、振幅変調成分を取り除く回路
3. 受信電波が無いときに出る大きな雑音を消す回路
4. 受信電波の近接周波数による混信を除去する回路

答：3

問35 次の記述は、FM(F3E)受信機のどの回路について述べたものか。

この回路は、受信電波が無いときに復調出力に現れる雑音電圧を利用して、低周波増幅回路の動作を止めて、耳障りな**雑音がスピーカから出るのを防ぐ**ものである。

1. スケルチ回路　　2. 振幅制限回路
3. 周波数弁別回路　　4. AFC回路

答：1

5. 電波障害

●**問1** アマチュア局の電波が近所の**テレビジョン受像機に電波障害**を与えることがあるが、これを通常何といっているか。

1. アンプI　　2. BCI
3. スプリアス妨害　　4. TVI

答：4

●**問2** アマチュア局の電波が近所の**ラジオ受信機に電波障害**を与えることがあるが、これを通常何といっているか。

1. TVI　　2. BCI
3. アンプI　　4. テレホンI

答：2

●**問3** テレビジョン受信機やラジオ受信機に**付近の送信機から強力な電波が加わる**と、受信された信号が受信機の内部で変調され、TVIやBCIを起こすことがある。この現象を何変調と呼んでいるか。

1. 過変調　　2. 混変調
3. 平衡変調　　4. 位相変調

答：2

問4 送信機で**28〔MHz〕**の周波数の電波を発射したところ、**FM放送受信に混信**を与えた。送信側で考えられる混信の原因で正しいものはどれか

1. $\frac{1}{3}$倍の低調波が発射されている
2. 同軸給電線が断線している

【参考書】→ p.185

3. スケルチを強くかけすぎている
4. 第3高調波が強く発射されている

答：4

問5　**50〔MHz〕**の電波を発射したところ、**150〔MHz〕**の電波を受信している受信機に**妨害**を与えた。送信機側で通常考えられる妨害の原因は、次のうちどれか。

※ 類似問題として解答選択肢が異なるものがある。

A

1. 高調波が強く発射されている
2. 送信周波数が少しずれている
3. 同軸給電線が断線している
4. スケルチを強くかけすぎている

B

1. 第5高調波が強く発射されている
2. 第4高調波が強く発射されている
3. 第3高調波が強く発射されている
4. 第2高調波が強く発射されている

答 A：1　B：3

問6　**夏の昼間に50〔MHz〕**帯で交信を行っていたところ、**数100〔km〕離れた同じ周波数帯**の受信機に混信妨害を与えた。この原因は何か。

＊「地表波による伝搬」、「高調波放射による混信」という解答選択肢もある。

1. 空電による混信
2. スポラジックＥ層による伝搬

3. 大気圏の回折による遠距離伝搬
4. 高調波放射

答：2

問7 **TVIを軽減**するため、送信設備側で行う対策として、**誤っている**のは次のうちどれか。

1. アマチュア局のアンテナと、テレビ受像用アンテナとの間をできる限り離す
2. 送信機と給電線との間にTV電波を通しやすいフィルタを挿入する
3. 送信機の調整を正しくとり、接地を完全にする
4. 送信機を厳重に遮へいする

答：2

●問8 アマチュア局から発射された電波のうち、**短波の基本波**によってTVIが生じた。**この防止対策としてテレビジョン受像機のアンテナ端子と給電線の間**に、次のうちどれを挿入すればよいか。

1 高域フィルタ(HPF)　　2. 低域フィルタ(LPF)
3. アンテナカプラ　　4. ラインフィルタ

※「SWRメータ」という選択肢もある。

答：1

問9 アマチュア局から発射された435MHz帯の基本波が、**地デジ**(地上デジタルテレビ放送 470 ～ 710MHz)**のアンテナ直下型受信ブースタに混入し電波障害**を与えた。この防止対策として、**地デジアンテナと受信用ブースタの間に挿入すればよいのは**、次のうちどれか。

1. トラップフィルタ(BEF)
2. 低域フィルタ(LPF)
3. ラインフィルタ
4. SWRメータ

*「同軸避雷器」、「ダミーロード(疑似負荷)」という解答選択肢もある。

答：1

問10　送信設備から電波が発射されているとき、**BCIの発生原因**として挙げられた次の現象のうち、**誤っている**のはどれか。

1. アンテナ結合回路の結合度が疎になっている
2. 送信アンテナが送電線「電灯線(低圧配電線)」に接近している
3. 過変調になっている
4. 寄生振動が発生している

※「広帯域にわたり強い不要発射がある」という解答選択肢もある。

答：1

問11　他の無線局に**受信障害を与えるおそれが最も低い**のは、次のうちどれか。

1. 寄生振動があるとき
2. 高調波が発射されたとき
3. 送信電力が低下したとき
4. 妨害を受ける受信アンテナが近いとき

答：3

問 12　受信機に**電波障害を与えるおそれが最も低い**ものは、次のうちどれか。

1.　高周波ミシン　　2.　電気溶接機
3.　電波時計　　4.　自動車の点火プラグ

答：3

6. 電　源

問1　**ニッケルカドミウム電池**の特徴について、**誤ってい**るのはどれか。

1. この電池1個の端子電圧は1.2〔V〕である
2. 比較的大きな電流が取り出せる
3. 過放電に対して耐久性が優れている
4. 繰り返し充電することができない

答：4

●問2　次の記述は、**リチウムイオン蓄電池**の特徴について述べたものである。［　　］内に入れるべき字句の組合せで、正しいのはどれか。

リチウムイオン蓄電池は、小型軽量で電池1個の端子電圧は1.2〔V〕より［ A ］。また、自然に少しずつ放電する自己放電量がニッケルカドミニウム蓄電池より少なく、**メモリー効果がない**ので、継ぎ足し充電が［ B ］。

	A	B
1.	低い	できない
2.	低い	できる
3.	高い	できない
4.	高い	できる

答：4

類1　次の記述は、リチウムイオン蓄電池の特徴について述べたものである。［　　］内に入れるべき字句の組合せで、正しいのはどれか。

【参考書】→ p.188

リチウムイオン蓄電池は、小型軽量で電池１個当たりの端子電圧は1.2〔V〕より［　A　］。また、自然に少しずつ放電する自己放電量が、ニッケルカドミウム蓄電池より少なく、メモリー効果がないので継ぎ足し充電が［　B　］。

破損・変形による発熱・発火の危険性が［　C　］。

	A	B	C
1.	低い	できない	ある
2.	低い	できる	ない
3.	高い	できない	ない
4.	高い	できる	ある

答：4

問３　同じ規格の**乾電池を並列に接続**して使用する目的は、次のうちどれか。

1. 使用時間を長くする　　2. 雑音を少なくする
3. 電圧を高くする　　4. 電圧を低くする

答：1

●問４　次の記述は、**接合ダイオードの特性**について述べたものである。正しいのはどれか。

※「接合ダイオードは整流に適した特性を持っている。次に挙げた特性のうち、正しいのはどれか。」という設問もある。

1. 順方向電圧を加えたとき電流は流れにくい
2. 逆方向電圧を加えたとき内部抵抗は小さい
3. 順方向電圧を加えたとき内部抵抗は小さい
4. 逆方向電圧を加えたとき電流は容易に流れる

答：3

●問5　図は、半導体ダイオードを用いた**半波整流回路**である。この回路に流れる電流の方向と出力電圧の極性との組合せで、正しいのはどれか。

	電流 i の方向	出力電圧の極性
1.	ⓐ	ⓒ
2.	ⓐ	ⓓ
3.	ⓑ	ⓓ
4.	ⓑ	ⓒ

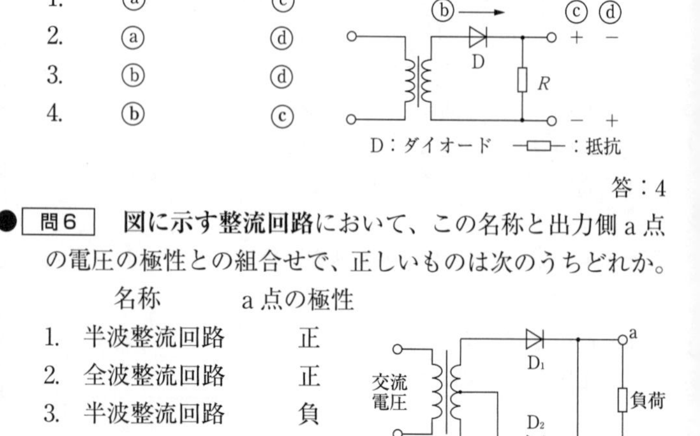

答：4

●問6　**図に示す整流回路**において、この名称と出力側 a 点の電圧の極性との組合せで、正しいものは次のうちどれか。

	名称	a 点の極性
1.	半波整流回路	正
2.	全波整流回路	正
3.	半波整流回路	負
4.	全波整流回路	負

答：2

問7　**ツェナーダイオード**は、次のどの回路に用いられるか。

1. 定電圧回路　　2. 平滑回路
3. 共振回路　　4. 発振回路

答：1

●問8　電源の**定電圧回路**に用いられるダイオードは、次のうちどれか。

1. 発光ダイオード
2. バラクタダイオード
3. ホトダイオード
4. ツェナーダイオード

答：4

問9 次の記述の［　］内に入れるべき字句の組合せで、正しいのはどれか。

シリコン接合ダイオードに加える［ A ］を次第に増加していくと、**ある電圧で急に大電流が流れる**ようになる。このような特性のダイオードを［ B ］という。

	A	B
1.	逆方向電圧	バラクタダイオード
2.	順方向電圧	定電圧ダイオード
3.	逆方向電圧	定電圧ダイオード
4.	順方向電圧	バラクタダイオード

答：3

●**問10** 端子電圧6〔V〕、容量60〔Ah〕の蓄電池を**3個直列**に接続したとき、その合成電圧と合成容量の値の組合せとして、正しいのは次のうちどれか。

	合成電圧	合成容量
1.	6〔V〕	60〔Ah〕
2.	18〔V〕	60〔Ah〕
3.	6〔V〕	180〔Ah〕
4.	18〔V〕	180〔Ah〕

答：2

問 11　容量（10時間率）30〔Ah〕の蓄電池を1〔A〕で**連続使用**すると、通常は何時間使用できるか。

1.　3時間　　2.　6時間
3.　10時間　　4.　30時間

答：4

問 12　交流入力**50〔Hz〕の全波整流回路**の出力に現れる脈流の周波数は幾らか。

1.　150〔Hz〕　　2.　100〔Hz〕
3.　50〔Hz〕　　4.　25〔Hz〕

答：2

問 13　一次巻線と二次巻線の比が**1：3**の電源変圧器において、一次側に**AC100〔V〕**を加えたとき、二次側に現れる電圧は幾らか。

1.　33.3〔V〕　　2.　173〔V〕
3.　300〔V〕　　4.　900〔V〕

答：3

問 14　二次側コイルの巻数が**10回**の電源変圧器において、一次側に**AC100〔V〕**を加えたところ**二次側に5〔V〕**の電圧が現れた。この電源変圧器の一次側コイルの巻数は幾らか。

1.　20回　　2.　50回
3.　100回　　4.　200回

答：4

【参考書】→ p.193

7. 空中線系 [アンテナと給電線]

問1 **水平面内の指向性**が図のようになるアンテナは，次のうちどれか。ただし、点Pは、アンテナの位置を示す。

＊「通常水平面内の指向性が全方向性（無指向性）として使用されるアンテナは、次のうちどれか」という設問もある。

1. 垂直半波長ダイポールアンテナ
2. 八木アンテナ（八木・宇田アンテナ）
3. パラボラアンテナ
4. 水平半波長ダイポールアンテナ

指向性
P

答：1

問2 **陸上を移動する無線局が**、通常の通信で**使用するアンテナの指向特性**は、次のうちどれが適しているか。

1. 水平面内で指向性を持つこと
2. 水平面内で全方向性（無指向性）なこと
3. 垂直面内で全方向性（無指向性）なこと
4. 垂直面内で指向性を持つこと

答：2

問3 次の記述は、図に示したアンテナについて述べたものである。□内に入れるべき字句の組合せで、正しいものはどれか。

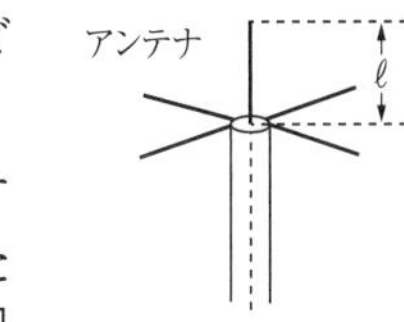

図のアンテナは、［A］アンテナと呼ばれ、電波の波長をλで表したとき、アンテナの長さℓは［B］

【参考書】→ p.194

であり、**水平面内の指向性は全方向性**（無指向性）である。

	A	B
1.	ダイポール	$\lambda/4$
2.	ブラウン（グランドプレーン）	$\lambda/4$
3.	ダイポール	$\lambda/2$
4.	ブラウン（グランドプレーン）	$\lambda/2$

答：2

問４　$\frac{1}{4}$波長**垂直接地アンテナ**の説明で、**誤っているの**はどれか。

1. 電流分布は先端で零、底部で最大となる
2. 接地抵抗が大きいほど効率が良い
3. 固有周波数の奇数倍の周波数にも同調する
4. 指向性は、水平面内では全方向性（無指向性）である

答：2

問５　通常、**水平面内の指向性**が図のようになるアンテナは、次のうちどれか。ただし、点Pは、アンテナの位置を示す。

1. ブラウン（グランドプレーン）アンテナ
2. ホイップアンテナ
3. 垂直半波長ダイポールアンテナ
4. 水平半波長ダイポールアンテナ

指向性

P

答：4

問６　**水平面内の指向性**が図のようになるアンテナは、次のうちどれか。ただし、点Pは、アンテナの位置を示す。

指向性

P

1. 八木アンテナ(八木・宇田アンテナ)
2. ホイップアンテナ
3. スリーブアンテナ
4. 水平半波長ダイポールアンテナ

※「垂直半波長ダイポール」、「ブラウン(グラウンドプレーン)アンテナ」という解答選択肢もある。

答:1

問7 次に挙げたアンテナのうち、**最も指向性の鋭い**ものはどれか。

1. 水平半波長ダイポールアンテナ
2. 八木アンテナ(八木・宇田アンテナ)
3. ホイップアンテナ
4. ブラウン(グランドプレーン)アンテナ

答:2

問8 八木アンテナ(八木・宇田アンテナ)において、**給電線はどの素子**につなげばよいか。

1. 放射器　　2. すべての素子
3. 導波器　　4. 反射器

答:1

問9 図は、三素子八木アンテナ(八木・宇田アンテナ)の構造を示したものである。**各素子の名称の組合せ**で、正し

【参考書】→ p.198

いのは次のうちどれか。ただし、エレメントの長さは、A＜B＜Cの関係にある。

	A	B	C
1.	反射器	導波器	放射器
2.	反射器	放射器	導波器
3.	導波器	反射器	放射器
4.	導波器	放射器	反射器

指向方向
A
B
整合器
C
←給電線

答：4

問 10 図に示す八木アンテナ(八木・宇田アンテナ)の**放射器**はどれか。

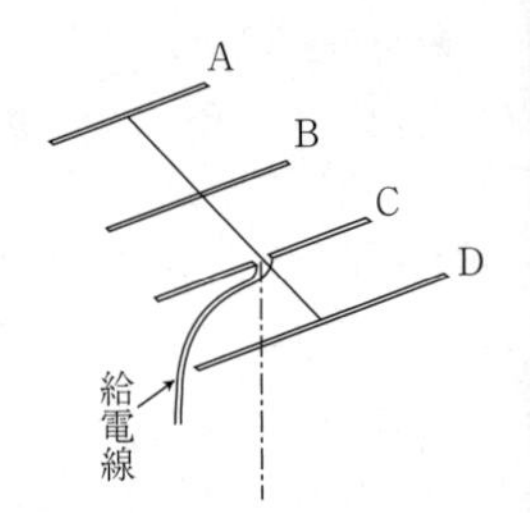

1. A
2. B
3. C
4. D

答：3

問 11 図に示した**八木アンテナ**(八木・宇田アンテナ)において、**最も強く電波を放射**するのは、どの方向か。

ただし、エレメントの長さは、A＜B＜Cの関係にある。

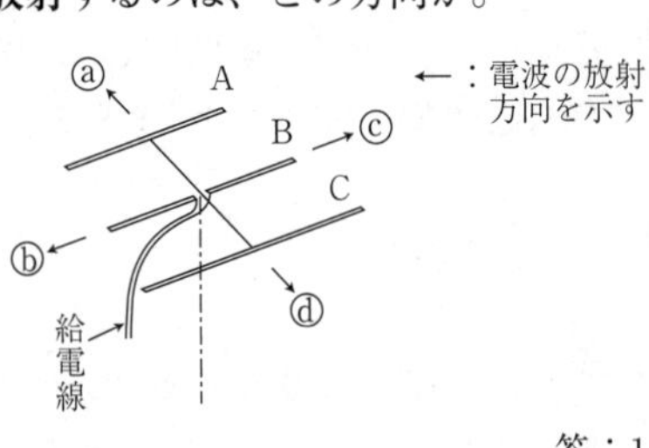

1. ⓐ
2. ⓑ
3. ⓒ
4. ⓓ

答：1

問12　八木アンテナ（八木・宇田アンテナ）の**導波器が無くなった**場合、アンテナの性能はどうなるか。

1. 全方向性（無指向性）になる。
2. 指向方向が逆転する。
3. 指向性が広がる。
4. 電波が放射されなくなる。

答：3

問13　八木アンテナ（八木・宇田アンテナ）の導波器の**素子数が増えた**場合、アンテナの性能はどうなるか。

1. 指向性が広がる
2. 放射抵抗が高くなる
3. 利得が上がる
4. 通達距離が短くなる

答：3

問14　八木アンテナ（八木・宇田アンテナ）を**スタック（積重ね）**に接続する場合があるが、この目的は何か。

1. 指向性を広くするため
2. 指向性を鋭くするため
3. 固有波長を短くするため
4. 固有波長を長くするため

答：2

問15　次の記述は、**八木アンテナ**（八木・宇田アンテナ）について述べたものである。**誤っている**のは次のうちどれか。

1. 指向性アンテナである
2. 反射器、放射器及び導波器で構成される
3. 導波器の素子数の多いものは指向性が鋭い
4. 接地アンテナの一種である

答：4

● 問16　図に示す**半波長ダイポールアンテナ**の給電点インピーダンスは、ほぼ幾らか。

1. 300〔Ω〕
2. 150〔Ω〕
3. 75〔Ω〕
4. 36〔Ω〕

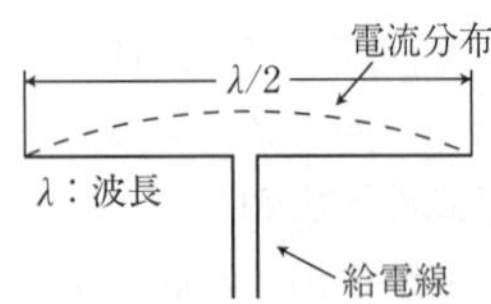

答：3

● 問17　次に挙げた、アンテナの**給電方法の記述**で、正しいものはどれか。

1. 給電点において、電流分布を最小にする給電方法を電流給電という
2. 給電点において、電流分布を最大にする給電方法を電圧給電という
3. 給電点において、電圧分布を最大にする給電方法を電圧給電という
4. 給電点において、電圧分布を最小にする給電方法を電流給電という

答：4

問18　アンテナから**電波を放射**するのに役立っていると考えられる抵抗は、次のうちどれか。

1. 漏れ抵抗　　2. 放射抵抗
3. 導体抵抗　　4. 接地抵抗

答：2

問19　**給電線の特性**のうち、**適切でない**ものはどれか。

1. 損失が少ないこと

2. 電波が放射できること
3. 外部から電気的影響を受けないこと
4. 特性インピーダンスが一定であること

答：2

問20 **同軸給電線の特性で望ましくない**特性は、次のうちどれか。

1. 高周波エネルギーを無駄なく伝送する
2. 特性インピーダンスが均一である
3. 給電線から電波が放射されない
4. 給電線で電波が受信できる

答：4

問21 給電線に必要な**電気的条件**で、**誤っている**のはどれか。

1. 導体のオーム損が少ないこと
2. 給電線から放射される電波が強いこと
3. 絶縁耐力が十分であること
4. 誘電体損が少ないこと

答：2

問22 **波長10〔m〕**の電波の**周波数**は、幾らになるか。

1. 15〔MHz〕　2. 30〔MHz〕
3. 60〔MHz〕　4. 90〔MHz〕

答：2

問23 **7〔MHz〕**用の**半波長ダイポールアンテナ**の長さは、ほぼ幾らか。

1. 43〔m〕　2. 21〔m〕

3.　11〔m〕　　4.　5〔m〕

答：2

問24　28〔MHz〕用の**八木アンテナの放射器**の長さは、ほぼ幾らか。

1.　3〔m〕　　2.　5〔m〕

3.　11〔m〕　　4.　21〔m〕

答：2

問25　21〔MHz〕用**ブラウンアンテナ（グランドプレーンアンテナ）の放射エレメント**の長さは、ほぼ幾らか。

1.　14.3〔m〕　　2.　7.2〔m〕

3.　3.6〔m〕　　4.　1.8〔m〕

答：3

問26　高さが10〔m〕の$\frac{1}{4}$**垂直接地アンテナの固有波長**は、次のうちどれか。

1.　40〔m〕　　2.　20〔m〕

3.　5〔m〕　　4.　2.5〔m〕

答：1

● **問27**　半波長ダイポールアンテナの放射電力を10〔W〕に**するためのアンテナ電流**の値として、最も近いのはどれか。ただし、熱損失となるアンテナ導体の抵抗分は無視するものとする。

1.　0.18〔A〕　　2.　0.37〔A〕

3.　1.4〔A〕　　4.　3.7〔A〕

答：2

【参考書】→ p.217

問28　半波長ダイポールアンテナを使用して電波を放射したとき、アンテナ**電流の値が0.2〔A〕**であった。このときの**放射電力**の値として、最も近いのはどれか。ただし、熱損失となるアンテナ導体の抵抗分は無視するものとする。

1. 2〔W〕　　2. 3〔W〕
3. 5〔W〕　　4. 8〔W〕

答：2

問29　**電波の波長を**λ〔m〕、**周波数を**f〔MHz〕としたとき、次式の□内に当てはまる数字はどれか。

$$\lambda = \frac{\square}{f} \text{〔m〕}$$

1. 200　　2. 300
3. 600　　4. 800

答：2

8. 電波伝搬

問1　次の記述の□内に入れるべき字句の組合せで、正しいのはどれか。

電波は、磁界と電界が**直角**になっていて、**電界**が[A]と平行になっている電波を[B]偏波といい、垂直になっている電波を[C]偏波という。

	A	B	C
1.	アンテナ	垂直	水平
2.	大　地	垂直	水平
3.	大　地	水平	垂直
4.	アンテナ	水平	垂直

答：3

問2　次の記述は、電波について述べたものである。**誤っているの**はどれか。

1. 光と同じく電磁波である
2. 真空中は毎秒 30 万キロメートルの速度で伝搬する
3. 大気中は音波と同じ速度で伝搬する
4. 光より波長が長い

答：3

問3　**電離層**が生成されるのに最も影響のあるのは、次のうちどれか。

1. 低気圧
2. 太　陽
3. 海水温度

【参考書】→ p.200

4. 流　星

答：2

問4　図は、**周波数の違い**により電波の伝わり方が異なることを示したものである。

[A]及び[B]の周波数の組合せで、正しいものはどれか。

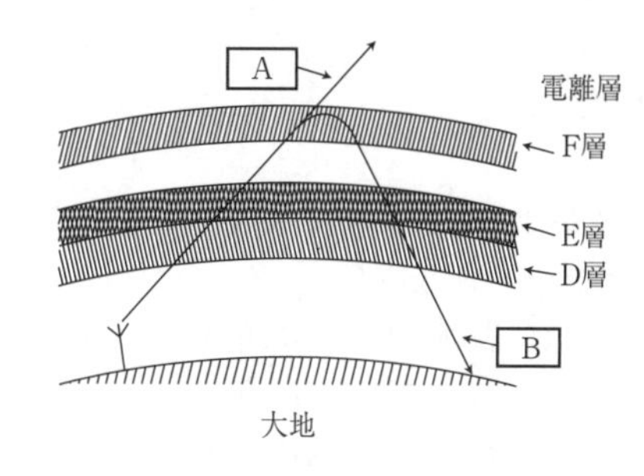

	A	B
1.	145〔MHz〕	7〔MHz〕
2.	7〔MHz〕	145〔MHz〕
3.	7〔MHz〕	435〔MHz〕
4.	435〔MHz〕	145〔MHz〕

答：1

問5　**電離層**のうちで、地上からの高さが**最も高い**のはどの層か。

1. E層
2. F層
3. D層

【参考書】→ p.202

4. Es層

答：2

● 問6 **3.5〔MHz〕から28〔MHz〕**までのアマチュアバンドにおいて、主に利用する**電波の伝わり方**は、次のうちどれか。

1. 直接波
2. 対流圏波
3. 大地反射波
4. 電離層反射波

答：4

問7 **短波が地球の裏側まで到達**して通信できることがあるのはなぜか。

1. 電離層と地球表面との間を反射しながら伝わるため
2. 人工衛星を中継して送るのに適しているため
3. 大地の中を伝わる性質があるため
4. 地表波の減衰が少ないため

答：1

問8 次の記述の［　　］内に入れるべき字句の組合せで、正しいのはどれか。

電波が電離層を突き抜けるときに受ける減衰は、周波数が［ A ］ほど**小さく**、また、反射されるときに受ける減衰は、周波数が［ B ］ほど**大きく**なる。

	A	B
1.	高い	低い
2.	低い	低い
3.	低い	高い

4. 高い　　高い

答：4

問9　次の記述の［　　］内に入れるべき字句の組合せで、正しいのはどれか。

電波が電離層を突き抜けるときの減衰は、周波数が**低い**ほど［ A ］、反射するときの減衰は、周波数が**低い**ほど［ B ］なる。

	A	B
1.	大きく	大きく
2.	小さく	大きく
3.	小さく	小さく
4.	大きく	小さく

答：4

問10　次の記述の［　　］内に入れるべき字句の組合せで、正しいのはどれか。

電離層反射波を使用して昼間に通信が可能な場合であっても、**夜間**に電離層の電子密度が［ A ］なり**電波が突き抜ける**ので、［ B ］周波数の電波に切り換えて通信を行う。

	A	B
1.	小さく	低い
2.	大きく	高い
3.	小さく	高い
4.	大きく	低い

答：1

問11　昼間 21〔MHz〕バンドの電波で通信を行っていたが、

夜間になって遠距離の地域が通信不能となった。そこで周波数バンドを切り替えたところ再び通信が可能となった。通信を可能にした周波数バンドは次のうちどれか。

1. 7〔MHz〕バンド
2. 28〔MHz〕バンド
3. 50〔MHz〕バンド
4. 144〔MHz〕バンド

答：1

●**問 12** 次の記述の［　　］内に入れるべき字句の組合せで、正しいのはどれか。

送信所から短波を発射したとき、［ A ］が減衰して受信されなくなった地点から［ B ］が最初に地表にもどってくる地点までを**不感地帯**という。

	A	B
1.	地表波	電離層反射波
2.	地表波	大地反射波
3.	直接波	大地反射波
4.	直接波	電離層反射波

答：1

●**類 1** 次の記述の［　　］内に入れるべき字句の組合せで正しいのはどれか。

送信所から発射された短波(HF)帯の電波が、［ A ］で反射されて、初めて地上に達する地点と送信所との地上距離を［ B ］という。

	A	B
1.	電離層	跳躍距離
2.	電離層	焦点距離
3.	大地	跳躍距離
4.	大地	焦点距離

答：1

問 13　短波（HF）帯の伝搬で生じる**不感地帯と特に関係がない**ものはどれか。

A
1. 気　象
2. 電離層
3. 周波数
4. 送信電力

B
1. 変調方式
2. 電離層
3. 周波数
4. 昼間と夜間

※ 類似問題として解答選択肢の異なるものがある。

答 A：1　B：1

問 14　電波が電離層で**反射される条件**として**特に関係ない**ものはどれか。

1. 送信電力
2. 電子密度
3. 入射角
4. 周波数

答：1

問 15　**超短波（VHF）帯の電波の伝搬**は、主として次のどれによっているか。

1. 直接波と大地反射波

2. 地表波と電離層反射波
3. 直接波と電離層反射波
4. 地表波と大地反射波

答：1

問16　図に示す電波通路A、Bのうち、**Aの伝わり方**をするのは次のうちどれか。

1. 地表波　　2. 大地反射波
3. 電離層反射波　　4. 直接波

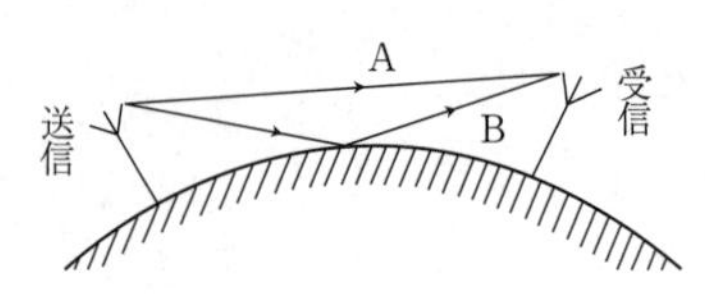

答：4

問17　**超短波**(VHF)**の伝わり方**の特徴で、**誤っている**のは次のうちどれか。

1. 直接波を利用できない
2. 電離層を突き抜ける
3. 大地で反射される
4. 地表波はすぐ減衰する

答：1

問18　**超短波**(VHF)**の伝わり方**で正しいのはどれか。

1. 主に見通し距離内を伝わる
2. 主に地表波が伝わる
3. 昼間と夜間では伝わり方が大きく異なる
4. 電離層と大地との間で反射を繰り返して伝わる

【参考書】→ p.203

答：1

問19　超短波帯（VHF）では、一般に**アンテナの高さを高くした方が、電波の通達距離が延びるのはなぜか。**

1.　見通し距離が延びるから
2.　スポラジック E 層反射によって伝わりやすくなるから
3.　対流圏散乱波が伝わりやすくなるから
4.　地表波の減衰が少なくなるから

答：1

問20　超短波帯（VHF）において、**高い山の陰で見通しのきかない場合でも通信ができること**があるが、これは次のうちどの現象によるものか。

1.　電波の干渉
2.　電波の屈折
3.　電波の直進性
4.　電波の回折

答：4

類2　超短波（VHF）帯を使った見通し外の遠距離の通信において、伝搬路上に山岳が有り、送受信点のそれぞれからその山頂を見渡せるとき、比較的安定した通信ができることがあるのは、一般にどの現象によるものか。

1.　電波の干渉
2.　電波の屈折
3.　電波の直進性
4.　電波の回折

答：4

問21　超短波(VHF)帯の電波を使用する通信において、**通信可能な距離を延ばすための方法として、誤っているの**は次のうちどれか。

1. アンテナの高さを高くする
2. アンテナの放射角を高角度にする
3. 鋭い指向性のアンテナを用いる
4. 利得の高いアンテナを用いる

答：2

問22　次の記述の［　　］内に入れるべき字句の組合せで、正しいのはどれか。

スポラジックE層は、［ A ］の昼間に多く発生し、［ B ］の電波も反射することがある。

	A	B
1.	夏季	UHF
2.	夏季	VHF
3.	冬季	VHF
4.	冬季	UHF

答：2

問23　スポラジックE層についての記述のうち、正しいものは次のうちどれか。

1. 主として春季に多く発生する。
2. 主として夏季に多く発生する。
3. 主として秋季に多く発生する。
4. 主として冬季に多く発生する。

答：2

問24　超短波(VHF)の電波が異常に遠方まで伝わることがあるが、その原因と**関係のない**ものはどれか。

1. 山岳による回折　　2. スポラジックE層
3. 地表波　　4. 散乱現象

答：3

問25　**地表波**の説明で、正しいのはどれか。

1. 見通し距離内の空間を直線的に伝わる電波。
2. 大地の表面に沿って伝わる電波。
3. 電離層を突き抜けて伝わる電波。
4. 大地に反射して伝わる電波。

答：2

問26　**地上波**の伝わり方で、**誤っている**のはどれか。

1. 電離層で反射されて伝わる。
2. 大地の表面に沿って伝わる。
3. 大地で反射されて伝わる。
4. 見通し距離内の空間を直接伝わる。

答：1

問27　**フェージング**が起こる原因で、**誤っている**のはどれか。

1. 電波の減衰の程度が時間的に変動するため
2. 電波の周波数が時間的に変動するため
3. 電離層で電波が反射したり、突き抜けたりするため
4. 異なった伝搬経路を通った電波が相互に干渉するため

答：2

9. 無線測定

問1 アナログ方式の回路計(テスタ)で**直流抵抗を測定**するときの準備の手順で、正しいのは次のうちどれか。

1. 0〔Ω〕調整をする→測定レンジを選ぶ→テスト棒を短絡する
2. 測定レンジを選ぶ→テスト棒を短絡する→0〔Ω〕調整をする
3. テスト棒を短絡する→0〔Ω〕調整をする→測定レンジを選ぶ
4. 測定レンジを選ぶ→0〔Ω〕調整をする→テスト棒を短絡する

答：2

類1 図に示す、アナログ方式の回路計（テスタ）で抵抗を測定するとき、準備の手順で正しいのはどれか。

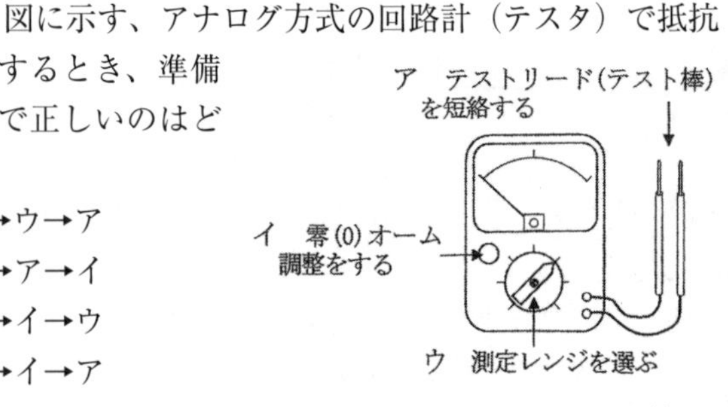

1. イ→ウ→ア
2. ウ→ア→イ
3. ア→イ→ウ
4. ウ→イ→ア

答：2

問2 アナログ方式の回路計(テスタ)で抵抗値を測定するとき、準備操作としてメータ指針の(**ゼロ点調整**)を行うには、2本の(テスト棒)をどのようにしたらよいか。

【参考書】→ p.204

※（ゼロオーム調整）、（テストリード）という設問もある。

1. 「テスト棒」は、先端を接触させて短絡（ショート）状態にする
2. 「テスト棒」は、測定する抵抗の両端に、それぞれ先端を確実に接触させる
3. 「テスト棒」は、先端を離し開放状態にする
4. 「テスト棒」は、測定端子よりはずしておく

※「テストリード」という解答選択肢もある。

答：1

問3　次の文の［　　］内に入れるべき字句の組合せで、正しいものはどれか。

ディップメータによる回路の共振周波数の**測定要領**は、次のとおりである。

測定しようとする回路に、ディップメータの発振コイルを［ A ］に結合する。次に可変コンデンサを調整して、発振周波数を測定周波数に一致させると、ディップメータの発振出力が［ B ］されて、電流計の指示が［ C ］になる。このときの可変コンデンサのダイヤル目盛から、その回路の共振周波数が直読できる。

	A	B	C
1.	密	相加	最小
2.	疎	相加	最大
3.	密	吸収	最大
4.	疎	吸収	最小

答：4

問4 **ディップメータの使用**で、**誤っている**のは次のうちどれか。

1. 送信周波数を測定するとき
2. 寄生発射の有無を調べるとき
3. 共振回路の共振周波数を測定するとき
4. アンテナと給電線の整合状態を調べるとき

答：4

類2 **ディップメータの用途で正しい**のは次のうちどれか。

1. アンテナ SWR の測定
2. 高周波電流の測定
3. 送信機の占有周波数帯幅の測定
4. 同調回路の共振周波数の測定

※「高周波電圧の測定」という選択肢もある。

答：4

問5 次のうち**ディップメータ**が使用できないのはどれか。

1. 送信周波数を測定するとき
2. 寄生発射の有無を調べるとき
3. 共振回路の共振周波数を測定するとき
4. 空中線電力を測定するとき

答：4

問6 測定器を利用して行う下記の操作のうち、**定在波比測定器**(SWR メータ)が使用されるのは、次のどの場合か。

1. 送信周波数を測定するとき
2. 寄生発射の有無を調べるとき
3. アンテナと給電線の整合状態を調べるとき

【参考書】→ p.206

4. 共振回路の共振周波数を測定するとき

答：3

問7 SWR メータで測定できるのは、次のうちどれか。

1. 周波数　　2. 電気抵抗
3. 定在波比　　4. 変調度

答：3

問8 定在波比測定器（SWR メータ）を使用して、アンテナと同軸給電線の整合状態を正確に調べるとき、同軸給電線のどの部分に挿入したらよいか。

A

1. アンテナと送信機との間の中央の部分
2. アンテナと送信機の間の任意の部分
3. アンテナの給電点に近い部分
4. 送信機の出力端子に近い部分

B

1. 同軸給電線の中央の部分
2. 同軸給電線の任意の部分
3. 同軸給電線の、アンテナの給電点に近い部分
4. 同軸給電線の、送信機の出力端子に近い部分

答 A：3　B：3

問9 次の記述の［　　］内に入れるべき字句の組合せで、正しいのはどれか。

分流器は、［ A ］の測定範囲を広げるために用いられるもので、計器に［ B ］に接続して用いられる。

	A	B		A	B
1.	電流計	並列	2.	電流計	直列
3.	電圧計	並列	4.	電圧計	直列

答：1

●**問 10**　次の記述の［　　］内に入れるべき字句の組合せで、正しいのはどれか。

直列抵抗器（**倍率器**）は［　A　］の測定範囲を広げるために用いられるもので、計器に［　B　］に接続して用いられる。

	A	B		A	B
1.	電流計	並列	2.	電流計	直列
3.	電圧計	並列	4.	電圧計	直列

答：4

問 11　次の記述の［　　］内に入れるべき字句の組合せで、正しいのはどれか。

直列抵抗器（**倍率器**）は［　A　］の測定範囲を［　B　］ために用いられるもので、計器に直列に接続して用いる。

	A	B		A	B
1.	電流計	狭める	2.	電流計	広げる
3.	電圧計	狭める	4.	電圧計	広げる

答：4

問 12　図に示すように、破線で囲んだ電流計 A_0 に A_0 の内部抵抗 r の **4 分の 1** の値の分流器 R を接続すると測定範囲は A_0 の何倍になるか。

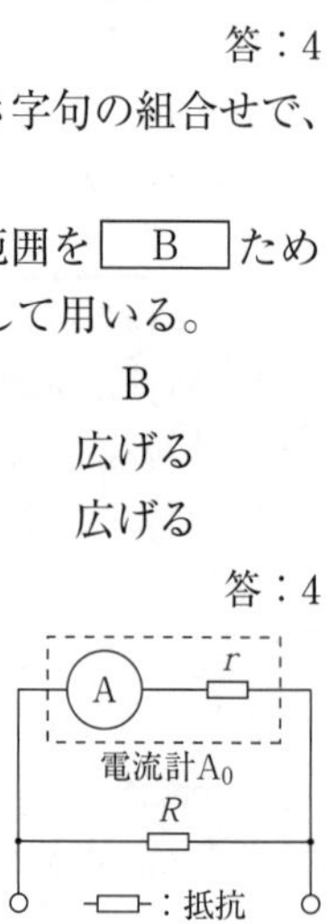

A　r
電流計A_0
R
：抵抗

1. 2倍　　2. 4倍
3. 5倍　　4. 6倍

答：3

問13　図に示すように、破線で囲んだ電圧計 V_0 の**内部抵抗 r の3倍の値**の直列抵抗器(倍率器) R を接続すると、測定範囲は V_0 の何倍になるか。

*「内部抵抗 r の4倍」という設問もある。

1. 2倍
2. 3倍
3. 4倍
4. 5倍

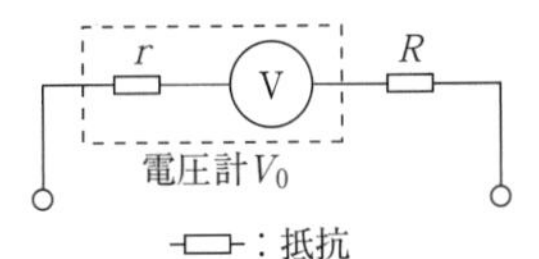

答：3

類3　図の電圧計において、破線で囲んだ電圧計 V_0 に、V_0 の内部抵抗 r の4倍の値の直列抵抗器(倍率器) R を接続すると、測定範囲は V_0 の何倍になるか。

1. 2倍
2. 3倍
3. 4倍
4. 5倍

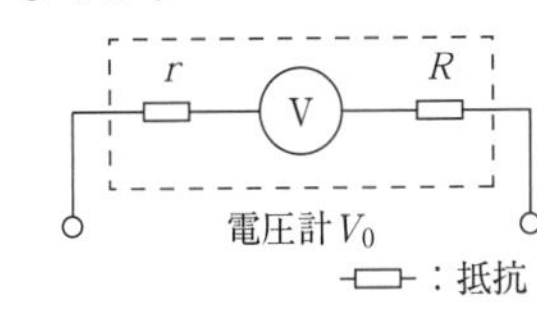

答：4

問14　内部抵抗50〔kΩ〕の電圧計の測定範囲を**20倍**にするには、**直列抵抗器(倍率器)の抵抗値**を幾らにすればよいか。

1. 2.5〔kΩ〕　　2. 25〔kΩ〕
3. 950〔kΩ〕　　4. 1,000〔kΩ〕

答：3

【参考書】→ p.219

問15 端子電圧2〔V〕の蓄電池3個を図のように接続し、ab端子間の電圧を測定するには、**最大目盛**が何ボルトの直流電圧計を用いればよいか。また、**電圧計の端子をどのように接続**したらよいか。下記の組合せのうちから、正しいものを選べ。

a ○─┤├─┤├─┤├─○ b

	最大目盛	接続方法
1.	5〔V〕	⊕端子をaに、⊖端子をbにつなぐ
2.	5〔V〕	⊕端子をbに、⊖端子をaにつなぐ
3.	10〔V〕	⊕端子をaに、⊖端子をbにつなぐ
4.	10〔V〕	⊕端子をbに、⊖端子をaにつなぐ

答：3

● **問16** アンテナに供給される電力を通過形電力計で測定したところ、進行波電力95〔W〕、反射波電力5〔W〕であった。アンテナへ供給された電力は幾らか。

1. 19〔W〕　　2. 90〔W〕
3. 95〔W〕　　4. 100〔W〕

答：2

類4 アンテナに供給される電力を通過型電力計で測定したところ、進行波電力9〔W〕、反射波電力1〔W〕であった。アンテナに供給された電力は幾らか。

1. 6〔W〕　　2. 8〔W〕
3. 9〔W〕　　4. 10〔W〕

答：2

法規の問題集

多肢選択式の問題は、問題文の中に正解のヒントが隠されています。本問題集では、**解答のヒントになる部分を太字**で示しています。

法規12問中、8問以上の合格点をとるためには、「無線局の免許」、「監督」、「アマチュア局の運用」の各分野は絶対に落としてはいけません。また、類似問題が多く出題されているので、能率よくまとめて勉強してください。

* 類 とある問題は、類似問題です。設問の内容は同じですが、解答の順番などが微妙に違う問題です。
* ◆の付いた問題は新問です。
* 問題番号の白ヌキ は試験場で最後に復習する問題です。
* ●は、第3級アマチュア無線技士の国家試験にも出題される共通問題、または設問の順番が異なる類似問題です。

1．無線局の免許

●問１　電波法に規定する「**無線局**」の**定義**は、次のどれか。

1. 無線設備及び無線設備の操作を行う者の総体をいう。ただし、受信のみを目的とするものを含まない。
2. 送信装置及び受信装置の総体をいう。
3. 送受信装置及び空中線系の総体をいう。
4. 無線通信を行うためのすべての設備をいう。

答：1

問２　電波法施行規則に規定する「**アマチュア業務**」の**定義**は、次のどれか。

1. 金銭上の利益のためでなく、もっぱら個人的な無線技術の興味によって行う自己訓練、通信及び技術的研究の業務をいう
2. 金銭上の利益のためでなく、無線技術の興味によって行う技術的研究の業務をいう
3. 金銭上の利益のためでなく、もっぱら個人的な無線技術の興味によって行う業務をいう
4. 金銭上の利益のためでなく、科学又は技術の発達のために行う無線通信業務をいう

答：1

●問３　次の文は、電波法施行規則に規定する「**アマチュア業務**」の**定義**であるが、［　　　］内に入れるべき字句を下の番号から選べ。

【参考書】→ p.222

A

「金銭上の利益のためでなく、もっぱら個人的な ＿＿＿ の興味によって行う自己訓練、通信及び技術的研究の業務をいう。」

1. 無線技術　　2. 通信技術
3. 電波科学　　4. 無線通信

B

「金銭上の利益のためでなく、もっぱら個人的な無線技術の興味によって行う ＿＿＿ 及び技術的研究の業務をいう。」

1. 無線通信　　2. 通信操作
3. 自己訓練、通信　　4. 通信訓練、運用

答 A：1　B：3

問4　無線局の**免許状**に記載される**事項でない**のは、次のどれか。

A
1. 免許人の住所
2. 無線局の種別
3. 空中線の型式
4. 無線設備の設置場所

B
1. 免許人の住所
2. 免許の有効期間
3. 無線局の目的
4. 無線従事者の資格

答 A：3　B：4

問5　**無線局を開設**しようとする者は、電波法の規定によりどのような**手続き**をしなければならないか、次のうちから選べ。

1. あらかじめ呼出符号の指定を受けておかなければならない。

2. 無線従事者の免許の申請書を提出しなければならない。
3. 無線局の免許の申請書を提出しなければならない。
4. あらかじめ運用開始の予定期日を届け出なければならない。

答：3

問6 次の文は、無線局の通信の相手方の変更等に関する電波法の規定であるが、□内に入れるべき字句を下の番号から選べ。

「免許人は、**通信の相手方**、**通信事項**若しくは**無線設備の設置場所を変更**し、又は無線設備の□をしようとするときは、**あらかじめ総務大臣の許可**を受けなければならない。」

1. 機器の型式の変更
2. 通信方式の変更
3. 工事設計の変更
4. 変更の工事

答：4

● **問7** アマチュア局の免許人が、総務省令で定める場合を除き、**あらかじめ**総合通信局長（沖縄総合通信事務所長を含む。）の**許可**を受けなければならない場合は、次のどれか。

＊「無線設備の設置場所を変更しようとするとき」という解答選択肢もある。

1. 無線設備の変更の工事をしようとするとき。
2. 免許状の訂正を受けようとするとき。
3. 無線局の運用を休止しようとするとき。
4. 無線局を廃止しようとするとき。

答：1

問8　免許人が無線設備の**変更の工事**（総務省令で定める軽微な事項を除く。）をしようとするときの手続は、次のどれか。

1. 直ちにその旨を報告する
2. 直ちにその旨を届け出る
3. あらかじめ許可を受ける
4. あらかじめ指示を受ける

答：3

類1　免許人が無線設備の設置場所を変更しようとするときは、どうしなければならないか。次のうちから選べ。

1. あらかじめ免許状の訂正を受けた後、無線設備の設置場所を変更する。
2. 無線設備の設置場所を変更した後、総務大臣に届け出る。
3. あらかじめ総務大臣に届け出て、その指示を受ける。
4. あらかじめ総務大臣に申請し、その許可を受ける。

答：4

問9　免許人が（呼出符号）の**指定の変更を受けよう**とするときの手続は、次のどれか。

※（電波型式）、（空中線電力）、（周波数）という設問もある。

1. あらかじめ指示を受ける
2. 免許状の訂正を受ける
3. その旨を届け出る
4. その旨を申請する

答：4

●問10　日本の国籍を有する人が開設する**アマチュア局の免許の有効期間**は、次のどれか。

1. 無期限
2. 無線設備が使用できなくなるまで
3. 免許の日から起算して5年
4. 免許の日から起算して10年

答：3

●問11　アマチュア局（人工衛星等のアマチュア局を除く。）の**再免許の申請の期間**は、免許の有効期間満了前いつからいつまでか、次のうちから選べ。

1. 6か月以上1年を超えない期間
2. 3か月以上6か月を超えない期間
3. 2か月以上6か月を超えない期間
4. 1か月以上6か月を超えない期間

答：4

●問12　総務大臣又は総合通信局長（沖縄総合通信事務所長を含む。）が、無線局の再免許の申請を行った者に対して免許を与えるときに指定する事項はどれか。次のうちから選べ。

※「無線局の再免許が与えられるときに指定される事項は次のうちどれか」という設問もある。

A

1. 空中線電力
2. 発振及び変調の方式
3. 無線設備の設置場所

4.　空中線の型式及び構成

B

1.　通信事項

2.　無線設備の設置場所

3.　呼出符号又は呼出名称

4.　空中線の型式及び構成

C

1.　電波の型式及び周波数

2.　空中線の型式及び構成

3.　無線設備の設置場所

4.　通信の相手方

答 A：1　B：3　C：1

問 13　総務大臣又は総合通信局長（沖縄総合通信事務所長を含む。）が無線局の**再免許**の申請を行った者に対して、免許を与えるときに指定する**事項でない**ものはどれか。次のうちから選べ。

1.　運用許容時間

2.　電波の型式及び周波数

3.　空中線電力

4.　無線設備の設置場所

答：4

問 14　免許人は、その**無線局を廃止**するときは、どのようにしなければならないか、次のうちから選べ。

A

1.　申請して許可を受ける

2. 送信装置を撤去する
3. その旨を届け出る
4. 指示を受ける

B

1. 無線局免許申請書の写しを提出する。
2. 申請して許可を受ける。
3. その旨を届け出る。
4. その旨を連絡して指示を受ける。

答 A：3　B：3

●問15　**無線局の免許がその効力を失った**とき、免許人であった者が**遅滞なく**とらなければならないことになっている措置は、次のどれか。

1. 空中線を撤去する
2. 無線設備を撤去する
3. 送信装置を撤去する
4. 受信装置を撤去する

答：1

問16　電波法の規定により、**遅滞なく空中線を撤去**しなければならない場合は、次のどれか。

1. 無線局の免許がその効力を失ったとき
2. 無線局の運用を休止したとき
3. 無線局の運用の停止を命ぜられたとき
4. 無線局が臨時に電波の発射の停止を命ぜられたとき

答：1

2. 無線設備

問1　次の文は、電波法の規定であるが、[　　　]内に入れるべき字句を下の番号から選べ。

「**無線電話**とは、電波を利用して、[　　　]を送り、又は受けるための通信設備をいう。」

1. 音声又は映像　　　2. 符号
3. 信号　　　4. 音声その他の音響

答：4

問2　電波法に規定する「**無線設備**」の**定義**は、次のどれか。

1. 無線電信、無線電話その他電波を送るための通信設備をいう。
2. 無線電信、無線電話その他電波を送り、又は受けるための電気的設備をいう。
3. 無線電信、無線電話その他の設備をいう。
4. 電波を送るための電気的設備をいう。

答：2

問3　次の文は、電波法施行規則に規定する「**送信設備**」の**定義**であるが、[　　　]内に入れるべき字句を下の番号から選べ。

「送信設備とは、[　　　]と送信空中線系とから成る電波を送る設備をいう。」

1. 高周波発生装置　　　2. 送信装置
3. 発振器　　　4. 送信機

答：2

【参考書】→ p.224

問4 次の文は、電波法施行規則に指定された定義の一つであるが、何の設備についてのものか、下の番号から選べ。

「**送信装置と送信空中線系**とから成る電波を送る設備をいう。」

1. 電気的設備　　2. 送信設備
3. 無線設備　　4. 通信設備

答：2

問5 次の文は、電波法施行規則に規定する「**送信空中線系」の定義**であるが、□内に入れるべき字句を下の番号から選べ。

「送信空中線系とは、送信装置の発生する□を空間へふく射する装置をいう。」

1. 電磁波　　2. 高周波エネルギー
3. 寄生発射　　4. 変調周波数

答：2

問6 単一チャネルのアナログ信号で**振幅変調した抑圧搬送波による単側波帯の電話**の電波の型式を表示する記号は、次のどれか。

1. A3E　　2. H3E　　3. J3E　　4. R3E

答：3

問7 単一チャネルのアナログ信号で**振幅変調した両側波帯の電話**の電波の型式を表示する記号は、次のどれか。

1. A3E　　2. H3E　　3. J3E　　4. R3E

答：1

問8 単一チャネルのアナログ信号で**周波数変調した電話**

の電波の型式を表示する記号は、次のどれか。

1. J3E　　2. A3E
3. F3E　　4. F3F

答：3

問9　次の文は、**電波の質**に関する電波法の規定であるが、□内に入れるべき字句を下の番号から選べ。

A

「送信設備に使用する電波の□、**高調波の強度**等**電波の質**は、総務省令で定めるところに適合するものでなければならない。」

1. 周波数の偏差及び幅　　2. 周波数偏移
3. 変調度　　4. 型式

B

「送信設備に使用する電波の**周波数の偏差及び幅**、□等電波の質は、総務省令で定めるところに適合するものでなければならない。」

1. 変調度　　2. 空中線電力
3. 高調波の強度　　4. 信号対雑音比

答 A：1　B：3

問10　**電波の質**を表すもののうち、電波法に規定されているものは、次のどれか。

A

1. 変調度　　2. 電波の型式
3. 信号対雑音比　　4. 周波数の偏差及び幅

【参考書】→ p.225

B

1. 空中線電力の偏差　　2. 高調波の強度
3. 信号対雑音比　　4. 変調度

答 A：4　B：2

問11　次の文は、周波数の安定のための条件に関する無線設備規則の規定であるが、□内に入れるべき字句を下の番号から選べ。

A

「周波数をその許容偏差内に維持するため、**発振回路の方式**は、できる限り□によって影響を受けないものでなければならない。」

1. 外囲の温度若しくは湿度の変化
2. 電圧若しくは電流の変化
3. 電源電圧又は負荷の変化
4. 振動又は衝撃

B

「周波数をその許容偏差内に維持するため、発振回路の方式は、できる限り外周の温度若しくは□によって影響を受けないものでなければならない。」

1. 振動　　2. 電源電圧の変化
3. 負荷の変化　　4. 湿度の変化

C

「周波数をその許容偏差内に維持するため、**送信装置**は、できる限り**電源電圧又は負荷の変化**によって□に影響を与えないものでなければならない。」

1. 空中線電力　　2. 変調波
3. 発振周波数　　4. 電波の質

答 A：1　B：4　C：3

問12　次の文は、周波数の安定のための条件に関する無線設備規則の規定であるが、□内に入れるべき字句を下の番号から選べ。

「**移動するアマチュア局**の送信装置は、実際上起り得る□によっても周波数をその許容偏差内に維持するものでなければならない。」

1. 振動又は衝撃
2. 電圧又は電流の変化
3. 電源電圧又は負荷の変化
4. 外囲の温度又は湿度の変化

答：1

問13　アマチュア局の**送信装置の条件**として無線設備規則に規定されているものは、次のどれか。

1. 空中線電力を低下させる機能を有してはならない。
2. 通信に秘匿性を与える機能を有してはならない。
3. 通信方式に変更を生じさせるものであってはならない。
4. 変調特性に支障を与えるものであってはならない。

答：2

3. 無線従事者

問1　次の文は、第四級アマチュア無線技士が行うことができる**無線設備**の操作について、電波法施行令の規定に沿って述べたものであるが、［　　］内に入れるべき字句を下の番号から選べ。

「アマチュア無線局の**空中線電力10ワット以下の**［　　］**で21メガヘルツから30メガヘルツまで又は8メガヘルツ以下**の周波数の電波を使用するものの操作（モールス符号による通信操作を除く。）」

1. 無線電話　　2. 無線電信
3. テレビジョン　　4. 無線設備

答：4

問2　**30メガヘルツを超える**周波数の電波を使用する無線設備では、**第四級**アマチュア無線技士が操作を行うことができる**最大空中線電力**は、次のどれか。

1. 10ワット　　2. 20ワット
3. 25ワット　　4. 50ワット

答：2

問3　**21メガヘルツから30メガヘルツ**までの周波数の電波を使用する無線設備では、**第四級**アマチュア無線技士が操作を行うことができる最大空中線電力は、次のどれか。

1. 10ワット　　2. 20ワット
3. 25ワット　　4. 50ワット

答：1

【参考書】→ p.226

問4　**第四級**アマチュア無線技士が操作を行うことができる無線設備は、どの**周波数の電波**を使用するものか。次のうちから選べ。

1. 21メガヘルツ以下
2. 21メガヘルツ以上又は8メガヘルツ以下
3. 8メガヘルツ以上
4. 8メガヘルツ以上又は21メガヘルツ以下

答：2

問5　無線従事者の**免許を与えられない**ことがある者は、次のどれか。

1. 刑法に規定する罪を犯し、罰金以上の刑に処せられ、その執行を終わった日から2年を経過しない者
2. 一定の期間内にアマチュア局を開設する計画のない者
3. 住民票の住所と異なる所に居住している者
4. 無線従事者の免許を取り消され、取消しの日から2年を経過しない者

答：4

問6　**無線従事者は、その業務に従事しているときは、**免許証をどのようにしていなければならないか、次のうちから選べ。

＊「免許証を［　　　］していなければならない」という設問もある。

A

1. 無線設備のある場所の見やすい箇所に掲げておく。
2. 紛失しないよう金庫等に保管する。

3.　移動するときは身元保証人に預ける。

4.　携帯する。

※「常置場所に掲げておく。」という解答選択肢もある。

B

1.　設置場所に掲げておく。

2.　携帯する。

3.　他の書類とともに保管する。

4.　主たる送信装置のある場所の見やすい箇所に掲げておく。

C

1.　通信室内の見やすい箇所に掲げる。

2.　通信室内に保管する。

3.　無線局に備付ける。

4.　携帯する。

答 A：4　B：2　C：4

● 問7　**無線従事者が免許証の訂正を受けなければならない**のは、どのような場合か、次のうちから選べ。

1.　氏名に変更を生じたとき。

2.　本籍地に変更を生じたとき。

3.　現住所に変更を生じたとき。

4.　他の無線従事者の資格を取得したとき。

答：1

問8　無線従事者が、**免許証を汚したために再交付の申請**をしようとする場合、申請書に添えて提出しなければならない書類は、次のどれか。

1. 免許証及び写真1枚　　2. 住民票の写し
3. 医師の診断書　　4. 戸籍抄本

答：1

問9　無線従事者が免許証を失って再交付を受けた後、**失った免許証を発見**したときは、発見した日からどれほどの期間内にその免許証を返納しなければならないか、次のうちから選べ。

1. 7日　　2. 10日
3. 14日　　4. 1か月

答：2

問10　無線**従事者免許証を返納**しなければならないのは、次のどれか。

1. 無線設備の操作を5年以上行わなかったとき
2. 3か月間業務に従事することを停止されたとき
3. 無線従事者が失そうの宣告を受けたとき
4. 無線従事者の免許を受けた日から5年が経過したとき

答：3

4. 監　督

● 問1　**臨時検査**（電波法第73条第4項の検査）**が行われる**場合は、次のどれか。

1. 無線局の再免許が与えられたとき
2. 無線従事者選解任届を提出したとき
3. 無線設備の工事設計の変更をしたとき
4. 臨時に電波の発射の停止を命ぜられたとき

答：4

● 問2　**無線局の発射する電波の質**が総務省令で定めるものに適合していないと認められるとき、その無線局についてとられることがある措置は、次のどれか。

1. 免許を取り消される
2. 空中線の撤去を命ぜられる
3. 臨時に電波の発射の停止を命ぜられる
4. 周波数又は空中線電力の指定を変更される

答：3

● 問3　無線局が総務大臣から**臨時に電波の発射の停止**を命じられることがある場合は、次のどれか。

A

1. 必要のない無線通信を行っているとき。
2. 発射する電波が他の無線局の通信に混信を与えたとき。
3. 免許状に記載された空中線電力の範囲を超えて運用したとき。
4. 総務大臣が当該無線局の発射する電波の質が総務省令で

【参考書】→ p.228

定めるものに適合していないと認めるとき。

B

1. 暗語を使用して通信を行ったとき。
2. 発射する電波の質が総務省令で定めるものに適合していないと認められるとき。
3. 発射する電波が他の無線局の通信に混信を与えたとき。
4. 免許状に記載された空中線電力の範囲を超えて運用したとき。

※「非常の場合の無線通信を行ったとき。」という解答選択肢もある。

答 A：4　B：2

問4　総務大臣は、電波法の施行を確保するため特に必要がある場合において、無線局に**電波の発射を命じて行う検査**では、何を検査するか、次のうちから選べ。

1. 送信装置の電源電圧の変動率
2. 発射する電波の質又は空中線電力
3. 無線局の運用の実態
4. 無線従事者の無線設備の操作の技能

答：2

問5　免許人が総務大臣から**3か月以内**の期間を定めて**無線局の運用の停止**を命ぜられることがあるのは、次のどの場合か。

1. 免許証を失ったとき。
2. 電波法に違反したとき。
3. 免許状を失ったとき。

4.　無線局の運用を休止したとき。

答：2

問6　免許人が**電波法に違反して**一定の期間その無線局の**運用の停止**を命ぜられることがあるが、その期間とは、次のどれか。

1.　1か月以内　　2.　3か月以内
3.　6か月以内　　4.　1年以内

答：2

●問7　免許人が**電波法に基づく処分に違反**したときに、その無線局について総務大臣から受けることがある処分は、次のどれか。

＊「電波法に違反したとき」という設問もある。

A

1.　運用の停止
2.　電波の型式の制限
3.　通信の相手方の制限
4.　無線従事者の解任命令

B

1.　送信空中線の撤去命令
2.　空中線電力の制限
3.　通信の相手方の制限
4.　電波の型式の制限

C

1.　周波数の制限
2.　電波の型式の制限

無線局の免許
無線設備
無線従事者
監督
業務書類
運用

3. 通信の相手方の制限
4. 通信事項の制限
※「再免許の拒否」という解答選択肢もある。

答 A：1　B：2　C：1

● 問8　**無線局の免許を取り消される**ことがあるのは、次のどのときか。

1. 不正な手段により無線局の免許を受けたとき
2. 免許状に記載された目的の範囲を超えて運用したとき
3. 免許人が1年以上の期間日本を離れたとき
4. 免許人が免許人以外の者のために無線局を運用させたとき

答：1

● 問9　アマチュア局の**免許人が不正な手段により無線局**の免許を受けたとき、総務大臣から受けることがある処分は、次のどれか。

＊不正な手段により「周波数の変更」、「設置場所の変更」、「呼出符号の指定の変更」、「電波型式の変更」、「空中線電力の指定の変更」を行わせたときという設問もある。

1. 免許の取消し
2. 運用の停止
3. 運用許容時間の制限
4. 周波数又は空中線電力の制限

答：1

問10　**無線従事者が**、電波法若しくは電波法に基づく命令又はこれらに基づく処分に違反したときに行われることがあるのは、次のどれか。

1. 6か月の無線従事者国家試験の受験停止
2. 6か月のアマチュア業務の従事停止
3. 3か月以内の期間の業務の従事停止
4. 3か月以内の期間の無線設備の操作範囲の制限

答：3

問11　**無線従事者が**、総務大臣から**3か月以内**の期間を定めてその業務に従事することを**停止**されることがあるのは、次のどの場合か。

1. 免許証を失ったとき
2. 電波法に違反したとき
3. 従事する無線局が廃止されたとき
4. 無線局の運用を休止したとき

答：2

問12　**無線従事者の免許が取り消される**ことがある場合は、次のどれか。

A

1. 電波法若しくは電波法に基づく命令又はこれらに基づく処分に違反したとき。
2. 5年以上無線設備の操作を行わなかったとき。
3. 日本の国籍を失ったとき。
4. 免許証を失ったとき。

*「引き続き6か月以上無線設備の操作を行わなかったとき」という解答選択肢もある。

B
1. 日本の国籍を失ったとき
2. 不正な手段により免許を受けたとき
3. 無線従事者が死亡したとき
4. 免許証を失ったとき

答 A：1　B：2

問 13　無線局の免許人は、**非常通信を行った**とき、電波法の規定によりとらなければならない措置は、次のどれか。
1. 中央防災会議会長に届け出る
2. 市町村長に連絡する
3. 都道府県知事に通知する
4. 総務大臣に報告する

答：4

問 14　アマチュア局の免許人が行った通信のうち**総務大臣に報告**しなければならないと電波法で規定されているものは、次のどれか。
1. 宇宙無線通信
2. 非常通信
3. 無線設備の試験又は調整をするための通信
4. 国際通信

答：2

問 15　免許人は、電波法に**違反して運用した無線局を認めた**とき、電波法の規定によりどのようにしなければならないか。次のうちから選べ。
※「免許人がとならければならない措置は、次のどれか」

という設問もある。

1. 総務大臣に報告する。
2. その無線局の電波の発射を停止させる。
3. その無線局の免許人に注意を与える。
4. その無線局の免許人を告発する。

※「その無線局の免許人にその旨を通知する」という解答選択肢もある。

答：1

● 問16 アマチュア局の免許人は、無線局の免許を受けた日から起算してどれほどの期間内に、また、その後毎年その免許の日に応当する日（応当する日がない場合は、その翌日）から起算して**どれほどの期間内**に電波法の規定により**電波利用料**を納めなければならないか、下の番号から選べ。

1. 10日　　2. 30日
3. 2か月　　4. 3か月

答：2

5. 業務書類

問1 移動するアマチュア局（人工衛星に開設するものを除く。）の**免許状**は、どのようなところに備え付けておかなければならないか、正しいものを次のうちから選べ。

1. 受信装置のある場所
2. 無線設備の常置場所
3. 免許人の住所
4. 無線局事項書の写しを保管している場所

答：2

問2 次の文は、免許状に関する電波法の規定であるが、［　　］内に入れるべき字句を下の番号から選べ。

「免許人は、**免許状に記載した事項に変更**を生じたときは、その免許状を総務大臣に提出し、［　　］を受けなければならない。」

1. 訂正
2. 再免許
3. 承認
4. 再交付

答：1

問3 免許人は、**免許状に記載された事項に変更**を生じたとき、とらなければならない手続きは、次のどれか。

A

1. 1か月以内に返す。
2. その旨を報告する。
3. 再免許を申請する。
4. 免許状の訂正を受ける。

B

1. 免許状の変更内容を連絡して再交付を受ける。

【参考書】→ p.230

2. 自ら免許状を訂正し承認を受ける。
3. 再免許を申請する。
4. 免許状の訂正を受ける。

答 A：4 B：4

問4 免許人は、住所を変更したときは、どのようにしなければならないか、次のうちから選べ。
1. 無線設備の設置場所の変更を申請する
2. 免許状を総務大臣に提出し訂正を受ける
3. 延滞なく、その旨を総務大臣に届け出る
4. 免許状を訂正し、その旨を総務大臣に報告する

答：2

問5 免許人が免許状を（**失ったため**）に免許状の再交付を受けようとするときの手続きは、次のどれか。
※（汚したため）という設問もある。

A
1. その旨を届け出る
2. 無線局再免許申請書を提出する
3. その旨を付記した運用休止届を提出する
4. 理由を記載した申請書を提出する

B
1. 理由を記載した申請書を提出する
2. 無線局再免許申請を提出する
3. その旨を届け出る
4. 免許状を返す

答 A：4 B：1

無線局の免許
無線設備
無線従事者
監督
業務書類
運用

問6　免許人は免許状を（汚したため）に**免許状の再交付を受けたとき、旧免許状**をどのようにしなければならないか、正しいものを次のうちから選べ。
※（破損したため）という設問もある。

A

1. 遅滞なく返す　　2. 速やかに廃棄する
3. 1か月以内に返す　　4. 保管しておく

B

1. 理由を記載した申請書を提出する
2. 無線局再免許申請を提出する
3. その旨を届け出る
4. 免許状を返す

C

1. 保存しておく　　2. 延滞なく廃棄する
3. 延滞なく返す　　4. 一緒に提示する

※「1か月以内に返す。」、「速やかに破棄する。」、「保管しておく。」などの出題頻度が多い。

答 A：1　B：4　C：3

問7　免許人が、**1か月以内に免許状を返納**しなければならない場合は、次のどれか。
＊「無線局の運用を休止しようとするとき」という解答選択肢もある。

1. 無線局の免許を取り消されたとき
2. 無線局の運用の停止を命ぜられたとき
3. 免許人の住所を変更したとき

4. 臨時に電波に発射の停止を命ぜられたとき

答：1

◆ 問8 免許人が1か月以内に免許状を返納しなければならない場合に**該当しない**のは、次のどれか。

1. 無線局を廃止したとき。
2. 無線局の免許を取り消されたとき。
3. 臨時に電波の発射の停止を命じられたとき。
4. 無線局の免許の有効期間が満了したとき。

答：3

問9 **無線局の免許がその効力を失ったときは**、免許人であった者は、その免許状をどのようにしなければならないか、次のうちから選べ。

1. 1か月以内に返納する。
2. 3か月間保管しておく。
3. 速やかに廃棄する。
4. 6か月以内に返納する。

答：1

6. アマチュア局の運用

問1　アマチュア局は、自局の発射する電波がテレビジョン放送又はラジオ放送の**受信等に支障を与える**ときは、非常の場合の無線通信等を行う場合を除き、どのようにしなければならないか、次のうちから選べ。

1. 速やかに当該周波数による電波の発射を中止する
2. 空中線電力を小さくする
3. 障害の程度を調査し、その結果によっては電波の発射を中止する
4. 注意しながら電波を発射する

※「障害の状況を把握し、適切な措置をしてから電波を発射する。」という解答選択肢もある。

答：1

問2　アマチュア局は、**他人の依頼による通報**を送信することができるかどうか、次のうちから選べ。

1. できない。
2. やむを得ないと判断したものはできる。
3. 内容が簡単であればできる。
4. できる。

答：1

問3　アマチュア局の行う通信における**暗語の使用**について、電波法に定められているのは、次のどれか。

1. 相手局の同意がない限り暗語を使用してはならない
2. 必要に応じ暗語を使用することができる

【参考書】→ p.231

3. 承認を得た暗語を使用することができる

4. 暗語を使用してはならない

答：4

● 問4 アマチュア局の行う通信に**使用してはならない用語**は、どれか、次のうちから選べ。

1. 業務用語　2. 普通語　3. 暗語　4. 略語

答：3

問5 次の文は、アマチュア局における発射の制限に関する無線局運用規則の規定であるが、［　　］内に入れるべき字句を下の番号から選べ。

A

「アマチュア局においては、その発射の占有する［　　］に含まれているいかなるエネルギーの発射も、その局が動作することを許された**周波数帯**から逸脱してはならない。」

1. 特性周波数　2. 周波数帯幅

3. 基準周波数　4. 周波数

B

「アマチュア局においては、その発射の占有する**周波数帯幅**に含まれているいかなるエネルギーの発射も、その局が動作することを許された［　　］から逸脱してはならない。」

1. 周波数

2. 周波数帯

3. 周波数の許容偏差

4. スプリアス発射の強度の許容値

答 A：2　B：2

【参考書】→ p.231

問6　次の文は、目的外使用の禁止に関する電波法の規定であるが、＿＿＿内に入れるべき字句を下の番号から選べ。

「無線局は、＿＿＿に記載された**目的又は通信の相手方若しくは通信事項**の範囲を超えて運用してはならない。」

1. 免許証　　2. 無線局事項書
3. 免許状　　4. 無線局免許申請書

答：3

問7　**アマチュア局を運用する場合**において、（無線設備の設置場所）は、遭難通信を行う場合を除き、次のどれに記載されたところによらなければならないか。

※（「呼出し符号」、「電波型式」、「周波数」）という設問もある。

1. 免許証　　2. 免許状
3. 無線局事項書　　4. 無線局免許申請書

答：2

問8　**アマチュア局を運用する場合**において、空中線電力は、遭難通信を行う場合を除き、次のどれによらなければならないか。

1. 無線局免許申請書に記載したもの
2. 通信の相手方となる無線局が要求するもの
3. 免許状に記載されたものの範囲内で適当なもの
4. 免許状に記載されたものの範囲内で通信を行うため必要最小のもの

答：4

問9　無線局運用規則において、**無線通信の原則**として規定されているものは、次のどれか。

1. 無線通信は、長時間継続して行ってはならない
2. 無線通信に使用する用語は、できる限り簡潔でなければならない
3. 無線通信は、有線通信を利用することができないときに限り行うものとする
4. 無線通信を行う場合においては、略符号以外の用語を使用してはならない

答：2

問10　アマチュア局が無線通信を行うときは、その**出所を明らかにする**ため、何を付さなければならないか、次のうちから選べ。

1. 自局の設置場所　　2. 免許人の氏名
3. 自局の呼出符号　　4. 免許人の住所

答：3

問11　次の文は、無線通信の原則に関する無線局運用規則の規定であるが、□内に入れるべき字句を下の番号から選べ。

「無線通信は、□に行うものとし、通信上の誤りを知ったときは、**直ちに訂正**しなければならない。」

1. 明りょう　　2. 迅速　　3. 適切　　4. 正確

答：4

●問12　次の文は、無線局運用規則の規定であるが、□内に入れるべき字句を下の番号から選べ。

「無線通信は、**正確**に行うものとし、通信上の誤りを知っ

たときは、［　　　］」

1.　初めから更に送信しなければならない
2.　通報の送信が終わった後、訂正箇所を通知しなければならない
3.　直ちに訂正しなければならない
4.　適宜に通報の訂正を行わなければならない

答：3

問13　無線電話通信において、**通報を確実に受信**したときに送信することになっている略語は、次のどれか。

1.　終わり　　2.　受信しました
3.　「了解」又は「OK」　　4.　ありがとう

答：3

問14　無線電話通信において、応答に際して**直ちに通報を受信しようとするとき**、応答事項の次に送信する略語は、次のどれか。

1.　どうぞ　　2.　OK　　3.　了解　　4.　送信してください

答：1

問15　無線電話通信において、「**終わり**」の略語を使用することになっている場合は、次のどれか。

1.　閉局しようとするとき。
2.　通報の送信を終わるとき。
3.　周波数の変更を完了したとき。
4.　通報がないことを通知しようとするとき。

答：2

問16　無線電話通信において、「**さようなら**」を送信するこ

とになっている場合は、次のどれか。

1. 通信が終了したとき。
2. 通報を確実に受信したとき。
3. 通報の送信を終了したとき。
4. 無線機器の試験又は調整を終わったとき。

答：1

問 17 次の文は、無線局運用規則の規定であるが、[　　] 内に入れるべき字句を下の番号から選べ。

「無線局は、相手局を呼び出そうとするときは、電波を発射する前に、[　　] を最良の感度に調整し、自局の発射しようとする電波の周波数その他必要と認める周波数によって**聴守**し、他の通信に混信を与えないことを確かめなければならない。」

1. 送信装置　　2. 空中線　　3. 受信機　　4. 整合回路

答：3

問 18 次の「　　」内は、アマチュア局が無線電話により免許状に記載された通信の相手方である無線局を**一括して呼び出す場合**に順次送信する事項であるが、[　　] 内に入れるべき字句を下の番号から選べ。

「1　各局　　　　　　[　　]
　2　こちらは　　　　1回
　3　自局の呼出符号　3回以下
　4　どうぞ　　　　　1回　」

1. 3回　　　2. 5回以下
3. 10回以下　　4. 数回

答：1

問19　アマチュア局の無線電話通信における**呼出し**は、次のどれによって行わなければならないか。

1. (1)　相手局の呼出符号　3回以下
   (2)　こちらは　1回
   (3)　自局の呼出符号　3回以下
2. (1)　相手局の呼出符号　3回以下
   (2)　こちらは　2回
   (3)　自局の呼出符号　3回以下
3. (1)　相手局の呼出符号　3回
   (2)　こちらは　3回
   (3)　自局の呼出符号　3回
4. (1)　相手局の呼出符号　5回
   (2)　こちらは　1回
   (3)　自局の呼出符号　5回

答：1

問20　アマチュア局の無線電話通信における**応答事項**は、次のどれか。

1. (1)　相手局の呼出符号　3回以下
   (2)　こちらは　1回
   (3)　自局の呼出符号　3回
2. (1)　相手局の呼出符号　3回
   (2)　こちらは　1回
   (3)　自局の呼出符号　3回
3. (1)　相手局の呼出符号　2回
   (2)　こちらは　1回

【参考書】→ p.234

(3)　自局の呼出符号　　2回

4. (1)　相手局の呼出符号　　3回以下

(2)　こちらは　　1回

(3)　自局の呼出符号　　1回

答：4

問21　次の「　」内は、アマチュア局が無線電話により**応答する場合**に順次送信する事項であるが、□内に入れるべき字句を下の番号から選べ。

「1　相手局の呼出符号　□

2　こちらは　　1回

3　自局の呼出符号　　1回　」

1. 3回以下　　2. 5回　　3. 10回以下　　4. 数回

答：1

問22　次の「　」内は、アマチュア局が無線電話により**応答する場合**に順次送信する事項であるが、□内に入れるべき字句を下の番号から選べ。

「1　相手局の呼出符号　　3回以下

2　こちらは　　1回

3　自局の呼出符号　□　」

1. 3回以下　　2. 3回　　3. 2回　　4. 1回

答：4

問23　次の文は、電波法施行規則に規定する**「混信」の定義**であるが、□内に入れるべき字句を下の番号から選べ。

「他の無線局の正常な業務の運行を□する電波の発射、輻(ふく)射又は誘導をいう。」

1. 妨害　2. 中断　3. 停止　4. 制限

答：1

問24　無線局は、**自局の呼出しが他の既に行われている通信に混信を与える旨の通知を受けたとき**は、どのようにしなければならないか、次のうちから選べ。

1. 混信の度合いが強いときに限り、直ちにその呼出しを中止する
2. 空中線電力を小さくして、注意しながら呼出しを行う
3. 中止の要求があるまで呼出しを反復する
4. 直ちにその呼出しを中止する

答：4

問25　無線電話により通信中、**混信の防止その他の必要により使用電波の周波数の変更の要求を受けた無線局がこれに応じようとするとき**は、次のどれによらなければならないか。

1. 「どうぞ」を送信し、直ちに周波数を変更する。
2. 「了解」又は「OK」を送信し、直ちに周波数を変更する。
3. 変更する周波数を送信し、直ちに周波数を変更する。
4. 「こちらは…（周波数）に変更します」を送信し、直ちに周波数を変更する。

答：2

問26　無線電話通信において、自局に対する呼出しを受信した場合に、**呼出局の呼出符号が不確実**であるときは、応答事項のうち相手局の呼出符号の代わりに、次のどれを使用して直ちに応答しなければならないか。

1. 再びこちらを呼んでください

2. 誰かこちらを呼びましたか
3. 貴局名は何ですか
4. 反復願います

答：2

問27　無線局が**自局に対する呼出しであることが確実でない呼出し**を受信したときは、次のどれによらなければならないか。

1. その呼出しが数回反復されるまで応答しない
2. 直ちに応答し、自局に対する呼出しであることを確かめる
3. その呼出しが反復され、他のいずれの無線局も応答しないときは、直ちに応答する
4. その呼出しが反復され、かつ、自局に対する呼出しであることが確実に判明するまで応答しない

答：4

問28　アマチュア局が**呼出しを反復しても応答がない**ときは、できる限り、少なくとも何分間の間隔をおかなければ呼出しを再開してはならないか、次のうちから選べ。

1. 3分間　2. 5分間　3. 10分間　4. 15分間

答：1

問29　アマチュア局の無線電話通信において**長時間継続して通報を送信するとき、10分ごとを標準**として適当に送信しなければならない事項は、次のどれか。

1. 自局の呼出符号
2. 相手局の呼出符号

【参考書】→ p.235

3. (1)　こちらは
　(2)　自局の呼出符号
4. (1)　相手局の呼出符号
　(2)　こちらは
　(3)　自局の呼出符号

答：3

問30　アマチュア局が**長時間継続して通報を送信する場合**、「こちらは」及び自局の呼出符号を何分ごとを標準として適当に送信しなければならないか、次のうちから選べ。

1. 10分　　2. 20分　　3. 25分　　4. 30分

答：1

問31　無線電話通信において、**送信中に誤った送信をしたことを知ったとき**は、次のどれによらなければならないか。

1. 「訂正」の略語を前置して、初めから更に送信する
2. 「訂正」の略語を前置して、誤った語字から更に送信する
3. 「訂正」の略語を前置して、正しく送信した適当な語字から更に送信する
4. そのまま送信を継続し、送信終了後「訂正」の略語を前置して、訂正箇所を示して正しい語字を送信する

※「「訂正」の略号を前置して、訂正箇所を示してそのまま送信を継続し、送信終了後、正しい字句を送信する。」という解答選択肢もある。

答：3

問32　無線電話通信において、**送信した通報を反復して送信するとき**は、1字若しくは1語ごとに反復する場合又は略

符号を反復する場合を除き、次のどれによらなければならないか。

1. 通報の各通ごとに「反復」2回を前置する
2. 通報の1連続ごとに「反復」3回を前置する
3. 通報の各通ごと又は1連続ごとに「反復」を前置する
4. 通報の最初及び適当な箇所で「反復」を送信する

答：3

問33 無線電話通信において、**相手局に対し通報の反復を求めようとするとき**は、どのようにすることになっているか、正しいものを次のうちから選べ。

1. 反復する箇所を2回繰り返し送信する
2. 「反復してください」と送信する
3. 反復する箇所の次に「反復」を送信する
4. 「反復」の次に反復する箇所を示す

答：4

問34 アマチュア局の無線電話通信において、**応答に際し10分以上たたなければ通報を受信することができない事由があるとき**、応答事項の次に送信するのは、次のどれか。

1. 「どうぞ」及び分で表す概略の待つべき時間
2. 「お待ちください」及び呼出しを再開すべき時刻
3. 「どうぞ」及び通報を受信することができない事由
4. 「お待ちください」及び分で表す概略の待つべき時間及びその理由

答：4

問35 **空中線電力10ワット**の無線電話を使用して呼出し

を行う場合において、**確実に連絡の設定ができる**と認められるとき、**呼出し**は、次のどれによることができるか。

1. 相手局の呼出符号　　　3回以下
2. (1) こちらは
   (2) 自局の呼出符号　　　3回以下
3. 自局の呼出符号　　　3回以下
4. (1) 相手局の呼出符号　　　1回
   (2) 自局の呼出符号　　　1回

答：1

問 36　**空中線電力 10 ワット**の無線電話を使用して応答を行う場合において、**確実に連絡の設定ができる**と認められるとき、**応答**は、次のどれによることができるか。

1. どうぞ
2. (1) こちらは
   (2) 自局の呼出符号　　　1回
3. 相手局の呼出符号　　　3回以下
4. (1) 相手局の呼出符号　　　1回
   (2) 自局の呼出符号　　　1回

答：2

問 37　無線局が**無線機器の試験又は調整のため電波の発射を必要とするとき**、発射する前に自局の発射しようとする電波の周波数及びその他必要と認める周波数によって聴守して確かめなければならないのは、次のどれか。

1. 受信機が最良の状態にあること
2. 他の無線局が通信を行っていないこと

3. 他の無線局の通信に混信を与えないこと
4. 非常の場合の無線通信が行われていないこと

答：3

問38 （電波を発射して行う）無線電話の機器の**調整**（試験）**中**、しばしばその電波の周波数により**聴守**を行って確かめなければならないのは、次のどれか。

＊「他に当該周波数による電波の発射がないか」という解答選択肢もある。

※（　）内の文章を伴う設問もある。

1. 「本日は晴天なり」の連続及び自局の呼出符号の送信が10秒間を超えていないかどうか
2. 受信機が最良の感度に調整されているかどうか
3. 周波数の偏差が許容値を超えていないかどうか
4. 他の無線局から停止の要求がないかどうか

答：4

問39 次の①から③までの事項は、無線電話により試験電波を発射する場合に送信する事項である。［　　］内に入れるべき字句を下の番号から選べ。

①ただいま試験中　［　　］
②こちらは　1回
③自局の呼出符号　3回

1. 3回　2. 5回　3. 10回以下　4. 数回

答：1

問40 **試験電波の発射を行う**場合に無線局運用規則で使用することとされている略語は、次のどれか。

【参考書】→ p.235

1. 明りょう度はいかがですか　2. 本日は晴天なり
3. 感度はいかがですか　4. お待ちください

答：2

問41　アマチュア局が無線機器の試験又は調整のため電波を発射する場合、「**本日は晴天なり**」の連続及び自局の呼出符号の送信に、必要があるときを除き超えてはならない時間は、次のどれか。

※「必要があるときを除き、何秒間を超えてはならないか。」という設問もある。

1. 5秒間　2. 10秒間　3. 20秒間　4. 30秒間

答：2

問42　電波法の規定により、無線局がなるべく**擬似空中線回路を使用**しなければならないのは、次のどの場合か。

1. 他の無線局の通信に妨害を与えるおそれがあるとき
2. 工事設計書に記載した空中線を使用できないとき
3. 無線設備の機器の試験又は調整を行うとき
4. 物件に損傷を与えるおそれがあるとき

答：3

問43　無線局は、**無線設備の機器の試験又は調整を行うために運用**するときには、なるべく何を使用しなければならないか、次のうちから選べ。

1. 水晶発振回路　2. 擬似空中線回路
3. 高調波除去装置　4. 空中線電力低下装置

答：2

問44　アマチュア局がその**免許状に記載された目的又は通**

信の相手方若しくは通信事項の範囲を超えて運用できるのは、次のどれか。

A

1. 宇宙無線通信　　2. 国際通信
3. 電気通信業務の通信　　4. 非常通信

B

1. 非常通信　　2. 道路交通状況に関する通信
3. 携帯移動業務の通信　　4. 他人から依頼された通信

答 A：4　B：1

問45　**他の無線局等に混信その他の妨害を与える場合であっても**、アマチュア局が行うことが**できる通信**は次のどれか。

1. 非常の場合の無線通信の訓練のために行う通信
2. 無線機器の調整をするために行う通信
3. 現行犯人の逮捕に関する通信
4. 非常通信

答：4

問46　**非常の場合の無線通信**において、無線電話により連絡を設定するための**呼出し又は応答**は、次のどれによって行うことになっているか。

1. 呼出事項又は応答事項の次に「非常」1回を送信する
2. 呼出事項又は応答事項の次に「非常」3回を送信する
3. 呼出事項又は応答事項に「非常」1回を前置する
4. 呼出事項又は応答事項に「非常」3回を前置する

答：4

問47　無線局において、**「非常」を前置した呼出しを受信し**

た場合は、応答する場合を除き、次のどれによらなければならないか。

1. 混信を与えるおそれのある電波の発射を停止して傍受する
2. 直ちに非常災害対策本部に通知する
3. すべての電波の発射を停止する
4. 直ちに付近の無線局に通報する

答：1

問48　非常通信の取扱いを開始した後、**有線通信の状態が復旧した場合**、次のどれによらなければならないか。

1. なるべくその取扱いを停止する
2. 速やかにその取扱いを停止する
3. 非常の事態に応じて適当な措置をとる
4. 現に有する通報を送信した後、その取扱いを停止する

答：2

問49　次の文は、電波法の規定であるが、［　　］内に入れるべき字句を、下の番号から選べ。

A

「何人も［　　］場合を除くほか、**特定の相手方**に対して行われる無線通信を**傍受**してその**存在若しくは内容**を漏らし、又はこれを窃用してはならない。」

1. 総務大臣が認める
2. 自己に利害関係がある
3. 法律に別段の定めがある
4. 地方公共団体の長の同意を得た

B

「何人も**法律に別段の定めがある**場合を除くほか、□
に対して行われる無線通信を**傍受**してその**存在若しくは内容**を漏らし、又はこれを窃用してはならない。」

1. 自己に利害関係のない通信の相手方
2. 自己に利害関係のある無線局
3. 遠方にある無線局
4. 特定の相手方

※「総務大臣が告示する無線局」、「すべての相手局」、「すべての無線局」という解答選択肢もある。

答 A：3　B：4

● 問50　次の文は、秘密の保護に関する電波法の規定であるが、□内に入れるべき字句を下の番号から選べ。

A

「何人も法律に**別段の定めがある場合**を除くほか、**特定の相手方**に対して行われる無線通信を□してその**存在若しくは内容**を漏らし、又はこれを窃用してはならない。」

1. 聴守　2. 傍受　3. 使用　4. 盗聴

B

「何人も**法律に別段の定めがある**場合を除くほか、**特定の相手方**に対して行われる無線通信を**傍受**してその□を漏らし、又はこれを窃用してはならない。」

1. 相手方及び記録　2. 存在若しくは内容
3. 通信事項　4. 情報

答 A：2　B：2

無線工学の参考書

1. 無線工学の基礎

【半導体】

[1] 導　体

抵抗が小さい、つまり電気が流れやすい物質。大地、塩水、銀、銅、鉄、アルミニウムなどの金属。

[2] 絶縁体

抵抗が大きい、つまり電気をほとんど流さない物質。空気、ガラス、陶器、磁器、ビニール、プラスチックなど。

[3] 半導体

導体と絶縁体との中間の抵抗を持っている物質。ゲルマニウム、シリコン、亜酸化銅など。

[4] 接合ダイオード

P形半導体とN形半導体を接合したものを接合ダイオードといいます。

[5] 順方向電圧と逆方向電圧

第1.1図のように、P形半導体からN形半導体に向けた電圧を加えることを順方向電圧といい、その逆を逆方向電圧といいます。

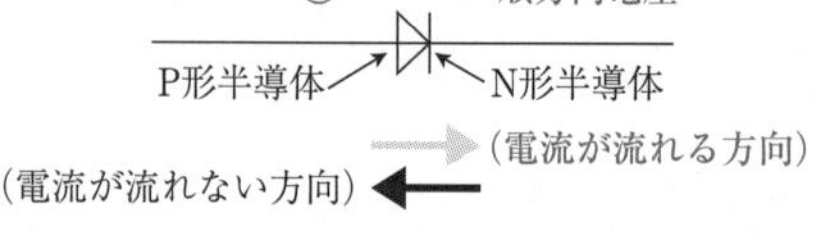

第1.1図 ダイオード

[6] ダイオードの図記号

第1.2図に各種のダイオードの図記号を示します。各ダイオードの性質は**[7]**から**[9]**を参照してください。

第1.2図　各種ダイオードの図記号

[7] ツェナーダイオード（定電圧ダイオード）

シリコン接合ダイオードに逆方向電圧を加えると、ある電圧で急に大電流が流れます。この電圧をツェナー電圧といい、このような性質のダイオードをツェナーダイオードといいます。定電圧回路に使用されます。

[8] ホトダイオード

光の強さの強弱によってダイオードの電流が変化するものをホトダイオードといいます。太陽電池などに利用されます。

[9] 発光ダイオード

ダイオードに流す電流の大きさに応じて発光するもので、ランプの代わりや数字表示などに利用されています。

[10] 半導体の性質

半導体は周囲の温度の上昇によって、内部の抵抗は減少し、流れる電流が増加します。（オームの法則を参照）。

[11] トランジスタ

接合形トランジスタは、N形半導体の間にきわめて薄いP

形半導体を挟んだNPN形と、その反対にP形半導体の間にN形半導体を挟んだPNP形の2種類があります。**第1.3図**はトランジスタの図記号で、矢印が中を向いているのがPNPです(矢印がN形半導体の方向を向いている)。

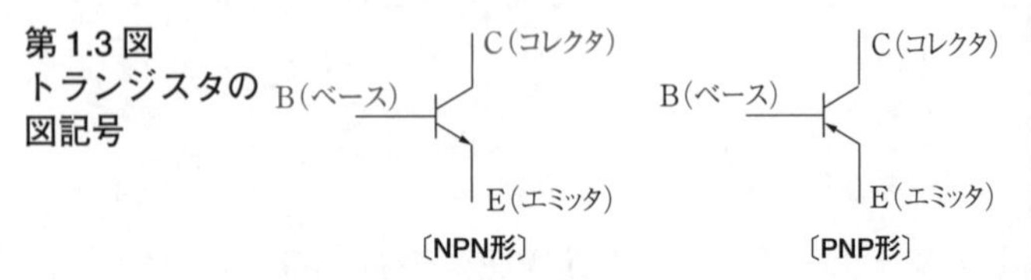

第1.3図 トランジスタの図記号

[12] FET(電界効果トランジスタ)

接合形トランジスタはベース電流によってコレクタ電流を制御しますが、FETはゲート電圧によってドレイン電流を制御します。FETの図記号を**第1.4図**に示します。

FETの特徴：

① 入力インピーダンスが高い。

② 高周波特性が良い。

③ 温度特性が良い。

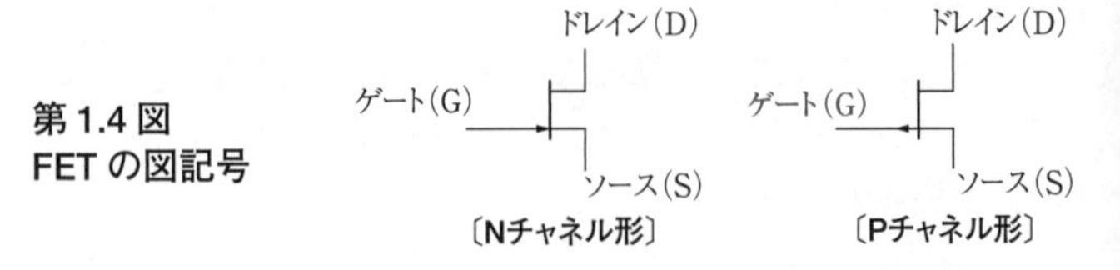

第1.4図 FETの図記号

※ 国試では、赤字の端子が出題されます。

[13] FETと接合形トランジスタの電極の働きが対応するもの

(FET)		(トランジスタ)
ゲート(G)	——	ベース(B)
ドレイン(D)	——	コレクタ(C)
ソース(S)	——	エミッタ(E)

【抵抗の接続】

[1] 抵　抗

電流の流れを妨げるもの、単位はオーム〔Ω〕。

[2] 抵抗の直列接続

抵抗を直列に接続したとき(**第1.5図**)の合成抵抗(合計の抵抗値) R は、$R = R_1 + R_2 + R_3 + \cdots\cdots$

[3] 抵抗の並列接続

抵抗を2本並列に接続したとき(**第1.6図**)の合成抵抗 R は、

$$\frac{1}{R} = \frac{1}{R_1} + \frac{1}{R_2} + \frac{1}{R_3} + \cdots\cdots$$

第1.5図　抵抗の直列接続

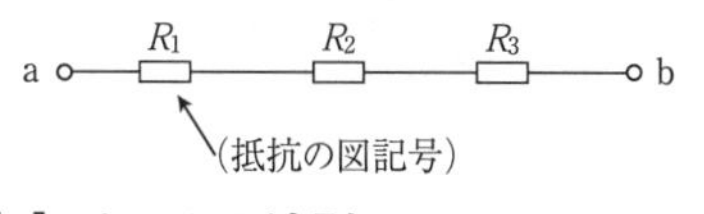

第1.6図　抵抗の並列接続

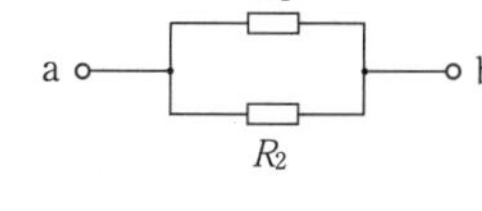

[4] オームの法則

電圧を E〔V、ボルト〕、電流を I〔A、アンペア〕、抵抗を R〔Ω、オーム〕とすると、次のような関係があります。

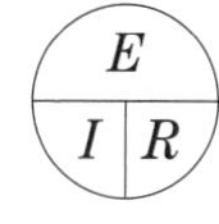

$E = I \times R$

左図で求めるものを隠すと公式が出てきます。I(電流〔A〕)を求めるときは $\dfrac{E}{R}$ となります。

[5] 電圧、電流、抵抗の単位

電圧の単位はボルト〔V〕、電流の単位はアンペア〔A〕、抵抗の単位はオーム〔Ω〕です。

[6] 電　力

1秒間に電気がする仕事を電力といい、単位はワット〔W〕。電力をP〔W〕、電圧をE〔V〕、電流をI〔A〕とすると、

$P = E \times I$　(電力＝電圧×電流)

オームの法則より$E = I \times R$なので、式に代入して、

$P = (I \times R) \times I = I \times I \times R = I^2 \times R$

【コンデンサ】

[1] コンデンサ

1枚の金属板を狭い間隔で向かい合わせ、その間に絶縁物(空気、紙、マイカなど)を挟んだ部品をコンデンサといい、電気を蓄える性質があります。特徴は,

① 直流は流さないが、交流は流す。

② 周波数が高いほど、交流電流はよく流れる。

③ 静電容量が大きいほど、交流電流はよく流れる。

[2] コンデンサの容量

コンデンサが電気を蓄える能力を示す値を静電容量といい、単位はファラド〔F〕。

第1.7図　コンデンサの直列接続

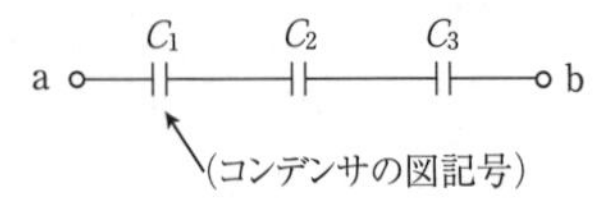

第1.8図　コンデンサの並列接続

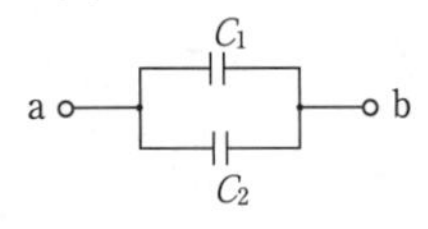

[3] コンデンサの直列接続

コンデンサを直列に接続(**第 1.7 図**)したときの合成静電容量 C は、

$$\frac{1}{C}=\frac{1}{C_1}+\frac{1}{C_2}+\frac{1}{C_3}+\cdots\cdots$$

[4] コンデンサの並列接続

コンデンサを並列接続するとき(**第 1.8 図**)の合成静電容量 C は、$C = C_1 + C_2 + C_3 + \cdots\cdots$

[5] 容量性リアクタンス

コンデンサに交流電圧を加えたとき、電流を妨げる度合いを(容量性)リアクタンスといい、単位はオーム〔Ω〕です。

容量性リアクタンスを X_C〔Ω〕、周波数を f〔Hz〕、コンデンサの容量を C〔F〕とすると、

$$X_C=\frac{1}{2\pi f C}\text{〔Ω〕}$$

【周期と振幅】

[1] 直流と交流

時間がたっても電圧(または電流)の値が変化しないものを直流，時間とともに電圧(または電流)の極性(プラス、マイナスのこと)が交互に入れ替わり、また大きさも変化するものを交流といいます。

[2] 周　期

第 1.9 図のようにプラスの波とマイナスの波の 1 組を周期といいます。

第 1.9 図
交流の波形

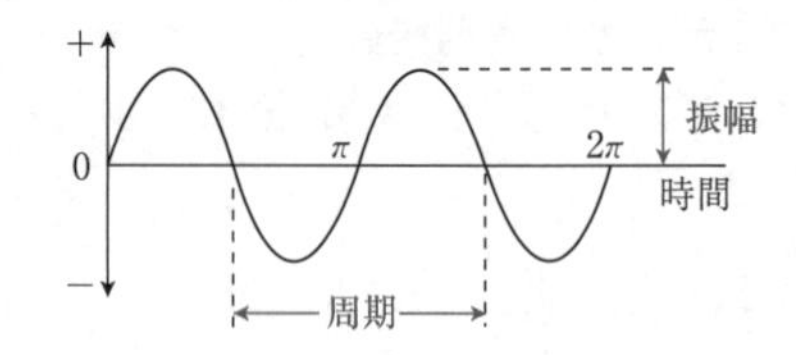

[3] 振　幅

交流の波形でプラス側の最大値を振幅といいます。

【電気力線】

[1] 電界と電気力線

電気には、＋の電気と－の電気があり、＋の電気と－の電気は互いに引き合い、同種の電気は反発し合う。このような電気力の働く場所を電界、電界の分布状況を仮想した線を電気力線といい、**第 1.10 図(a)**のように、＋から－に向かう矢印を付けた線で表します。

第 1.10 図　電気力線と磁力線

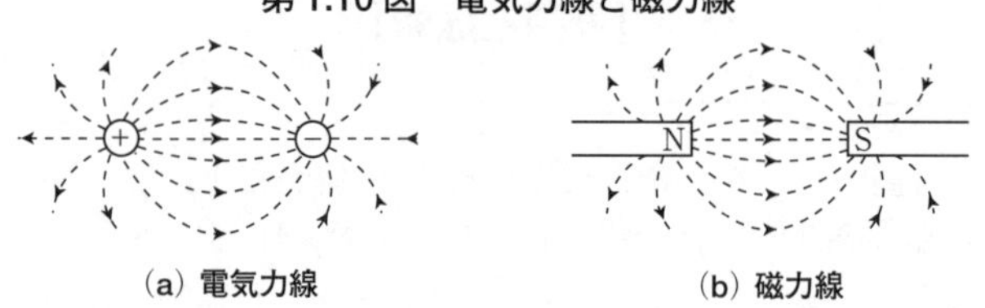

(a) 電気力線　(b) 磁力線

【磁力線】

[1] 磁界と磁力線

磁気力の働く範囲を磁界といい、磁界の様子を表すためにN極からS極に向かう仮想の線を磁力線といいます。〔**第1.10図(b)**〕。

[2] 電流と磁界

導体に電流が流れると、**第1.11図**のように、導線と直角な面に導線を中心とした同心円状に磁界が発生します。（アンペアの右ねじの法則）

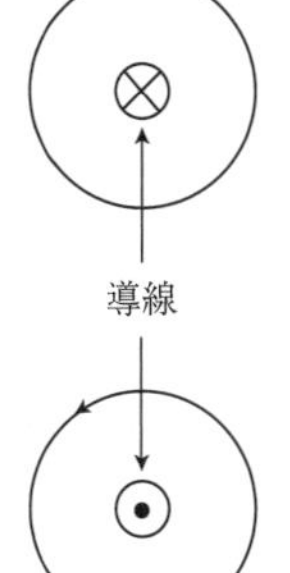

誌面の表から裏に向かって電流が流れる様子
（弓矢の尾羽根を後ろからみている様子で×に見える）

誌面の裏から表に向かって電流が流れる様子
（弓矢の先端をみている様子で•に見える）

第1.11図　アンペアの右ネジの法則

【電流と磁力線】

[1] 磁界の中の導線

磁極の間に置いた導体に電流が流れたとき、導線には力が作用します。

第1.12図のように、誌面の表から裏に向かって電流が流れるとき、導体に生じる磁力線と磁石による磁力線が相まって、導体は上の方向に動きます。

また、電流の方向が逆になる(誌面の裏から表に向かって電流が流れる)と、導体は下の方向に動きます。(フレミングの左手の法則)

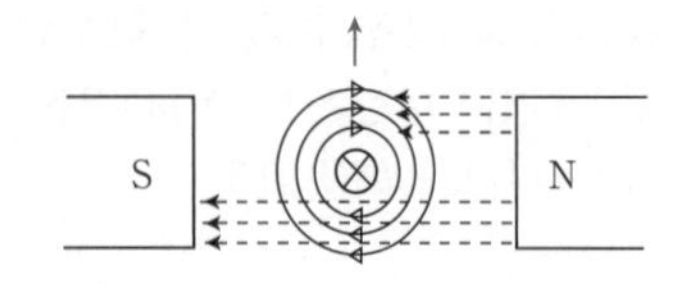

第1.12図
力の加わる方向

【コイル】

[1] コイル

交流電流を流すと誘導起電力が生じ、その能力をインダクタンスといい、単位はヘンリー〔H〕です。

[2] コイルと直流電流

コイルに直流を流すと**第1.13図**のようにコイルの両端にN極、S極ができ、棒磁石と同じ性質が現れます。電流の方向が逆になると、N極とS極が逆になります。

[3] 電磁石

コイルの中に磁性体(軟鉄心など)を入れると強い磁力を発生します。このような磁石を電磁石といいます。

[4] コイルが発生する磁界を強くするには

① コイルの巻数を多くする。

② コイルに流れる電流を大きくする。

③ コイルの中に軟鉄心を入れる。

[5] 誘導性リアクタンス

コイルに交流を流したとき、交流を妨げる度合いを(誘導

第1.13図
コイルに
電流を流すと

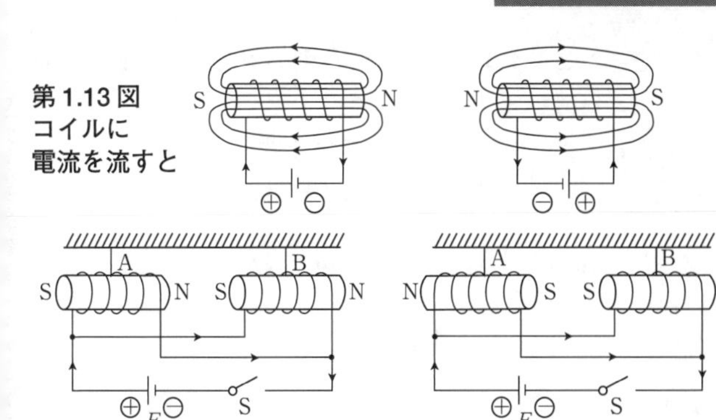

性)リアクタンスといい、単位は抵抗と同じオーム〔Ω〕。

[6] 誘導性リアクタンスを求める

誘導性リアクタンスをX_L、周波数をf〔Hz〕、コイルのインダクタンスをL〔H〕とすると、

$$X_L = 2\pi fL$$

コイルのリアクタンスX_Lは周波数fに比例します。

[7] コイルの特徴

① 直流は流すが、交流は流れにくい。

② 交流の周波数が高いほど、交流をさまたげる。

【合成インピーダンス】

[1] インピーダンス

コイルと抵抗、コンデンサが一緒になって電流を妨げる

度合いをインピーダンスといって、別の言葉で表します。単位はオーム〔Ω〕。

[2] 合成インピーダンス Z〔Ω〕を表す式

合成インピーダンス Z〔Ω〕を表す式は、

$$Z=\sqrt{R^2+\left(\omega L-\frac{1}{\omega C}\right)^2} \quad ただし\omega=2\pi f$$

【共振回路】

[1] 共振周波数

受信機の同調回路などに使用され LC 共振回路(コイルとコンデンサとで作った回路で、周波数をより分ける働きをする)の共振周波数は次の式で表します。

$$f=\frac{1}{2\pi\sqrt{LC}} \quad 〔Hz〕$$

f：共振周波数〔Hz〕、

L：コイルの自己インダクタンス〔H〕、

C：コンデンサの静電容量〔F〕

[2] 共振回路と電流

第 1.13 図のように LC 共振回路に外部電源 e から電流 i

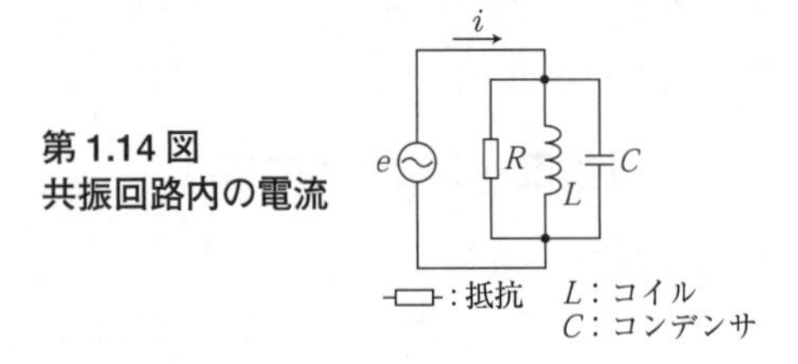

第 1.14 図
共振回路内の電流

を加える回路を並列共振回路といいます。並列共振回路において、回路が共振すると、回路のインピーダンス Z が最大となるため、回路を流れる電流 i は、オームの法則により値が最小になります。

【増　幅】

[1] 増幅器

小さい振幅の信号を、より大きな振幅の信号にする電子回路を増幅回路(または増幅器)といいます(第 2.1 図参照)。

第 2.1 図　増幅回路

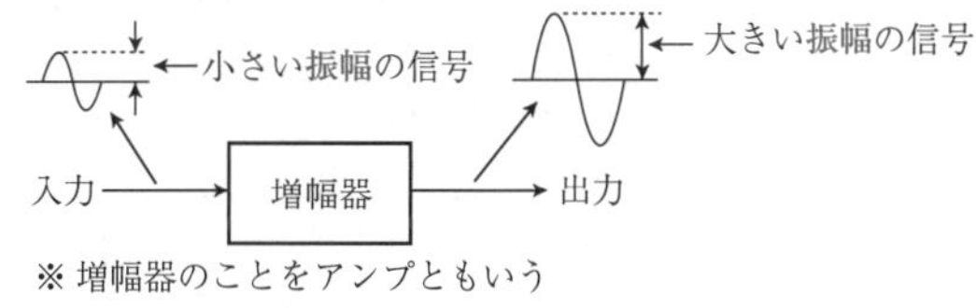

※ 増幅器のことをアンプともいう

[2] トランジスタ増幅器

トランジスタは電流を加えることによって、増幅作用をします。これをトランジスタ増幅器といいます。

第 2.2 図 トランジスタへの電池の接続

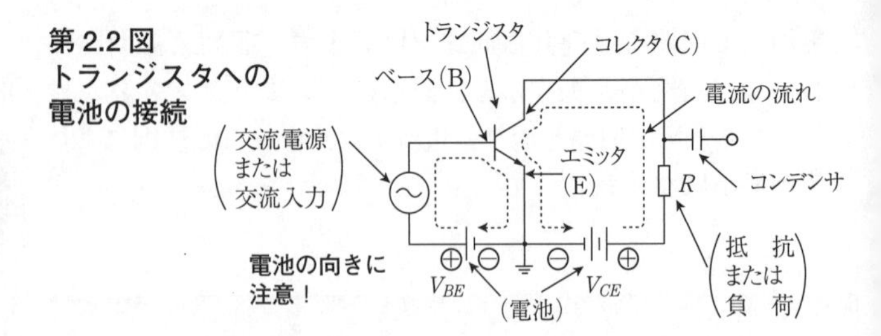

第 2.3 図 A 級増幅、B 級増幅、C 級増幅

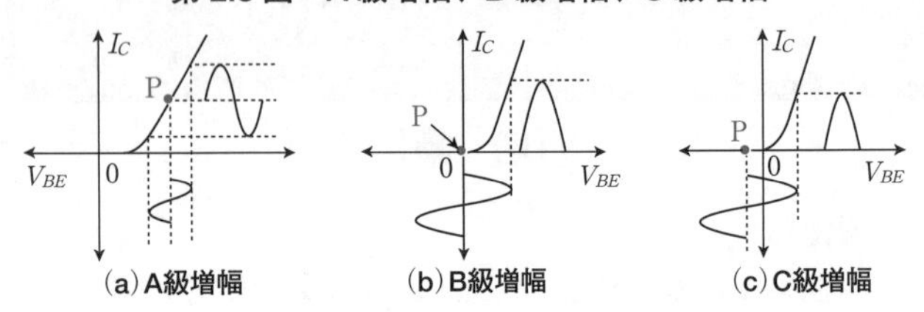

(a) A級増幅　(b) B級増幅　(c) C級増幅

	A 級増幅	B 級増幅	C 級増幅
増幅効率	悪		良
ひずみ	小		大
コレクタ電流	大 (常に流れる)	(半周期だけ)	小 (半周期の一部)

※送信機の周波数逓倍器や電力増幅器などは効率のよい C 級増幅を利用する

[3] A 級増幅、B 級増幅、C 級増幅

トランジスタ増幅器はベース-エミッタ間に加える電圧(V_{BE} と書く)の大きさにより A 級増幅、B 級増幅、C 級増幅などに分けられます。

【発振器】

搬送波を発生する回路を発振器といいます。

[1] 水晶発振器の発振周波数を安定にする方法

① 発振器と後段との結合を疎にする……負荷の変動に注意

② 水晶発振子を恒温そうに入れる……周囲温度の変化に注意

③ 電源電圧の変動を小さくする……電源電圧の変動に注意

④ 発振出力は最小になるように調整する。

【変　調】

[1] 変　調

搬送波(水晶発振器の出力など)を信号波(音楽や人間の声など)で変化させることを変調といいます。

[2] 振幅変調(略して AM)

搬送波の振幅を、信号波の振幅に応じて変化させる変調方式を振幅変調といいます。

第 2.4 図　コレクタ変調回路

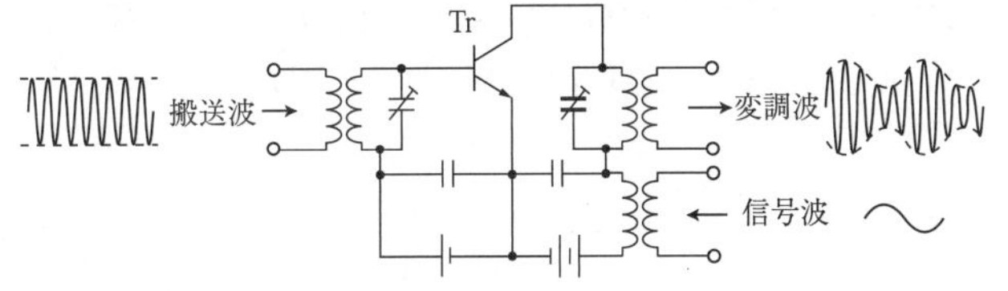

第 2.5 図　振幅変調波と周波数変調波

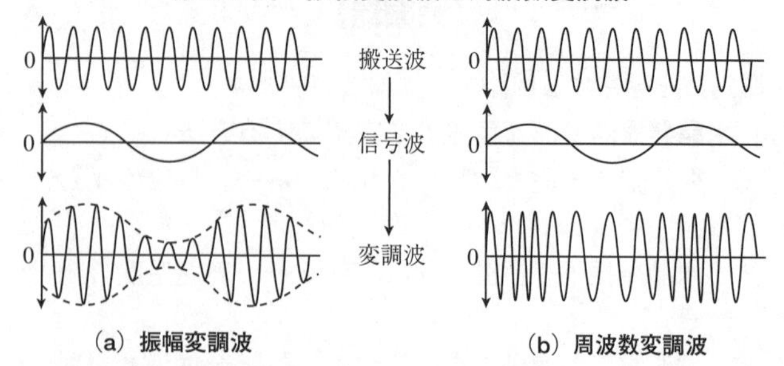

[3] 周波数変調(略して FM)

音声などの信号波の振幅に応じて搬送波の周波数を変化させる変調方式を周波数変調といいます。(第 2.5 図)。

[4] 変調度

搬送波と信号波が変調回路で、どのくらいの割合になっているかを百分率で表したものを変調度といいます。

変調度 M〔%〕は、搬送波の振幅 E_c〔V〕と信号波の振幅 E_s〔V〕から、

$$M = \frac{B}{A} \times 100 \text{〔\%〕} \quad \cdots\cdots\cdots\cdots\cdots \text{(2.1)}$$

M は変調度、A は搬送波、B は信号波

また、オシロスコープにより振幅変調波の波形を観測した場合、Mは変調度、Aは波形の最大値、Bは波形の最小値の比となります。

$$M = \frac{A - B}{A + B} \times 100 \text{〔\%〕} \quad \cdots\cdots\cdots\cdots\cdots \text{(2.2)}$$

第 2.6 図
DSB の周波数成分

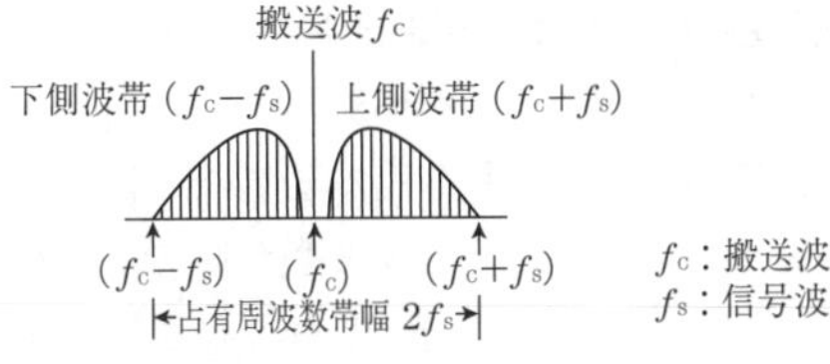

［5］DSB（両側波帯）の周波数成分

搬送波 f_C を信号波 f_S（音声）で振幅変調すると、**第 2.6 図**のような 3 つの周波数成分となります。このように搬送波（f_C）、下側波帯（$f_C - f_S$）、上側波帯（$f_C + f_S$）の両側波帯を使用して、音声などの信号を伝送する通信方式を DSB（電波法令では A3E）といいます。

［6］DSB の占有周波数帯幅

周波数 f_C の搬送波を周波数 f_S の信号波で振幅変調したときの変調波の占有周波数帯幅は、**第 2.6 図**のように信号波 f_S の 2 倍で、$2f_S$ となります。

［7］SSB（単側波帯）の占有周波数帯幅

搬送波を抑圧して上側波帯または下側波帯のいずれか一方のみの通信方式を単側波帯抑圧搬送波（SSB）という。電波法令では J3E、占有周波数帯幅の許容値は A3E の半分です。

第 2.7 図　SSB の周波数成分

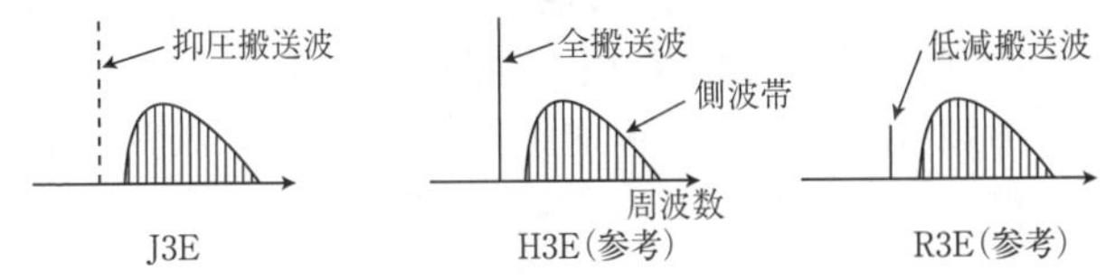

［8］占有周波数帯幅の比較

SSB（J3E）　占有周波数帯幅の許容値　3kHz
DSB（A3E）　占有周波数帯幅の許容値　6kHz
FM（F3E）　占有周波数帯幅の許容値　40kHz

注：試験に出るF3Eの占有周波数帯幅は、最大周波数偏移が5kHz＋最高周波数3kHzの場合で2×(5kHz＋3kHz)＝16kHzと、一般的なFM送受信機の仕様からの出題となっている。

音声信号で変調された電波で占有周波数帯幅が最も狭いのはSSB波、広いのはFM波(周波数変調)です。

【復　調】

［1］検波回路

変調された信号(電波)の中から音声信号を取り出すことを復調といい、その回路を検波回路といいます。

［2］DSB波の復調(直線検波器)

DSB波の復調には、直線検波器が使用されます。直線検波の特徴は次のとおりです。

長所……大きな入力に対してひずみが少ない。
　　　　忠実度が良い。

短所……入力電圧が小さいと出力のひずみが大きくなる。

［3］SSB波の復調(プロダクト検波器)

SSB波の復調には、プロダクト検波器(リング復調器も含む)が用いられます(SSB受信機の検波器の項参照)。

[4] FM 波の復調（周波数弁別器）

FM 波の復調では、周波数弁別器という周波数の変化を電圧の振幅の変化に変えた後に検波します（FM 受信機の周波数弁別器の項を参照）。

3. 送信機

[1] 送信機の必要条件

送信機から放射された電波は、他の無線局に混信障害を与えたり、ラジオやテレビ受信機に電波障害を与えないよう、電波の質（周波数の偏差、占有周波数帯幅、高調波の強度）は、電波法令で規定されているものでなければなりません。

① 送信電波の**周波数**が安定であること

② 送信電波の占有周波数帯幅はできるだけ**狭い**こと

③ スプリアス発射電力が小さいこと

（注）スプリアス：高調波発射、低調波発射、寄生発射、その他の不必要な妨害電波のこと。

[2] 過変調

変調率が 100〔%〕を超えていることを過変調といいます。過変調になると、側波帯が広がります（占有周波数帯幅が広がる）。

[3] 変調器の性能劣化

送信機の変調部の周波数特性が高域で低下すると、信号波の高音部が送信できません。この故障のときは、占有周波数帯幅が狭くなり、音質が悪くなります。

【プレストークボタン(PTT スイッチ)】

[1] プレストークボタン

マイクロホンについている送・受信切り替え用の押しボタンスイッチです。

[2] プレストークボタンの操作

プレストークボタンを押すと、アンテナが送信機に接続されて送信状態となります。

【送信機の調整】

[1] 擬似負荷(電波法令では擬似空中線回路)

送信機の調整にアンテナを接続したままにしておくと、他の無線局に妨害を与えることになります。アンテナの代わりに擬似負荷(アンテナの給電点インピーダンスと同じ値の抵抗器)を接続します。

【DSB 送信機(A3E 送信機)】

[1] DSB 送信機

第 3.1 図が DSB 送信機の構成図です。

[2] 発振器

発射しようとする電波、またはその整数分の 1 に相当す

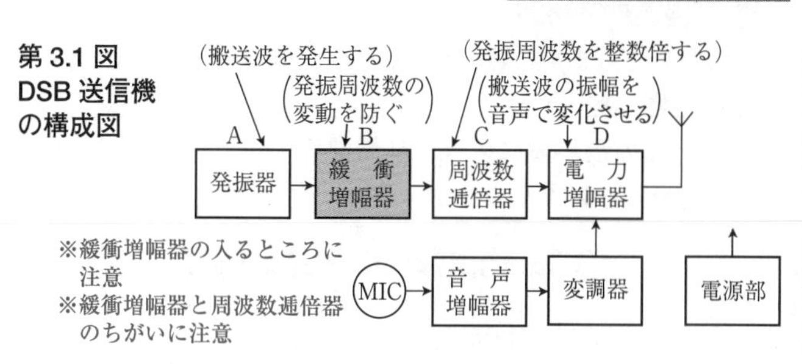

第 3.1 図 DSB 送信機の構成図

る搬送波を正確、かつ安定に発生します。ここには水晶発振器や VFO が使用されます。

発振器と後段との結合は疎結合(結合係数が小さいこと)にします。

(a) 水晶発振器

水晶片に電圧を加えると、一定の電気振動を起こします。この水晶発振子を用いた発振器を水晶発振器といいます。

(b) VFO(可変周波数発振器)

VFO は、コイルと可変コンデンサを使用した自励発振器(*LC* 発振器ともいう)です。

[3] 緩衝増幅器

発振器と周波数逓倍器の間に入っており、後段(周波数逓倍器など)の影響により、発振周波数が変動するのを防ぐため、緩衝地帯の役目をするものです。

[4] 周波数逓倍器

発振器の発振周波数を整数倍して、希望の周波数にします。高い周波数を作るときには、周波数逓倍器を何段かつなぎ、周波数を高めます。周波数逓倍器の増幅方式はC級です。

［5］電力増幅器

送信機の最終段に置き、高周波電力を大きくして、空中線へ送り出す働きをします。

【SSB送信機(J3E送信機)】

［1］SSB通信方式の特徴

① 送信電力の効率が良い……送信電力はDSBより小さくてよい。

② 占有周波数帯幅が狭い………DSBの半分である。

③ 受信機出力の信号対雑音比が良い……雑音が少ない。

④ 送信機の回路構成が複雑になる。

［2］SSB送信機の構成

第3.2図がSSB送信機の構成図です。DSB送信機と異なる部分が出題されます。

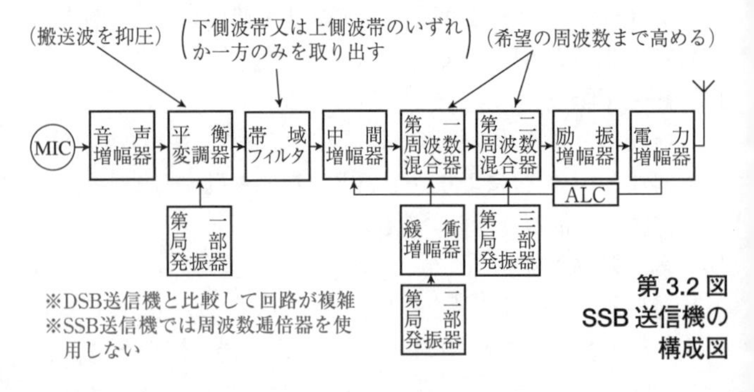

第3.2図 SSB送信機の構成図

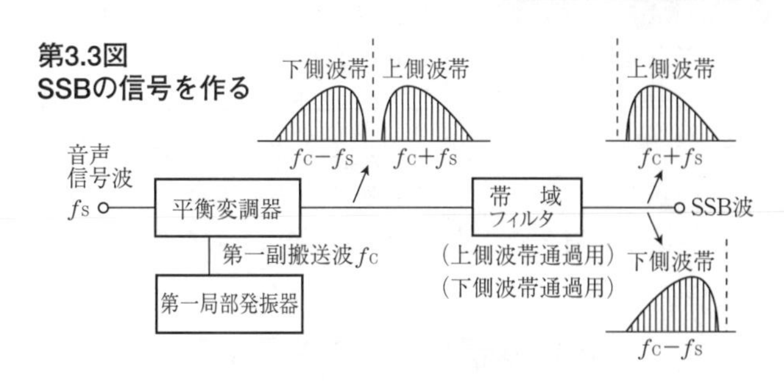

第3.3図
SSBの信号を作る

[3] SSB(J3E)の変調(平衡変調器またはリング変調器)

第3.3図のように平衡変調器(またはリング変調器)に信号波 f_S と搬送波 f_C を加えると、出力には搬送波が抑圧された上側波帯(f_C+f_S)と下側波帯(f_C-f_S)が出てきます。次に、帯域フィルタを通ると上側波帯または下側波帯のいずれか一方のSSB波ができます。

[4] 周波数混合器

SSB送信機では、DSB送信機やFM送信機と違い周波数混合器で希望の周波数まで高めます。

[5] SSB送信機の付属回路

(a) ALC(オートマチック・レベル・コントロール)

ALC回路は、電力増幅器に一定のレベル以上の入力電圧が加わったときに、励振増幅器などの増幅度を自動的に下げて、電力増幅器の入力レベルを制限し、送信電波の波形がひずまないようにしたり、占有周波数帯幅が過度に広がらないようにしたりします。

(b) VOX 回路(Voice Operated Transmission)

送信と受信の切り替えは、プレストークボタン(PTT スイッチ)を用いて手動で行うことができますが、SSB トランシーバの送信部において、送話の音声の有無によって、自動的に送信と受信を切り替える働きをするものを VOX 回路といいます。

【FM 送信機(F3E 送信機)】

[1] FM 通信方式(間接 FM)の特徴(第 3.4 図)

① 同じ周波数の妨害波があっても、信号波のほうが強ければ妨害波は抑圧される。

② 信号波の強度が多少変わっても、受信機出力は変わらない。

③ 雑音の多い場所でも良好な通信ができる。

④ AM 通信方式に比べて、受信機出力の音質が良い。

⑤ 占有周波数帯幅が広い。

⑥ 信号波の強さがある程度以下になると、受信機出力の信号対雑音比が急に悪くなる(雑音が多くなる)。

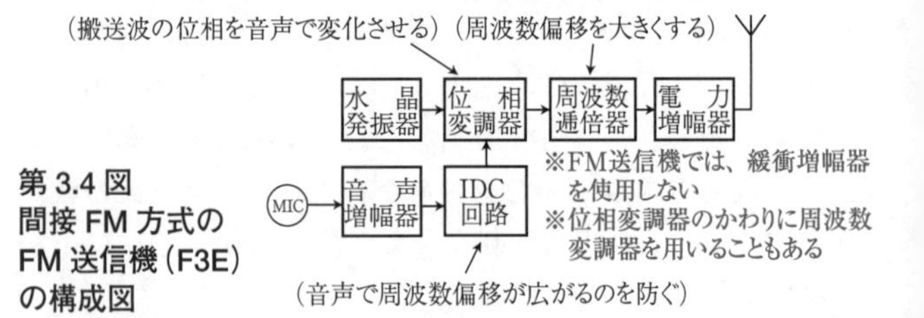

第 3.4 図
間接 FM 方式の FM 送信機(F3E)の構成図

[2] 位相変調器(周波数変調器)

音声の振幅に応じて、水晶発振器の出力(搬送波)の周波数を変化させ、FM 波(周波数変調波)を作ります。

[3] 周波数逓倍器

DSB 送信機のように発振周波数を整数倍するだけでなく、周波数変調器で作られた FM 波の周波数偏移を大きくする目的を持っています。

[4] 直接 FM 方式の FM(F3E)送信機の構成

第 3.5 図が直接 FM 方式による FM(F3E) 送信機の原理的な構成図です。間接 FM 変調では位相変調器でリアクタンスを変化させるので、あまり大きな周波数偏移が得られませんが、直接 FM 変調では、共振回路の共振周波数を直接変化させるので、大きな周波数偏移が得られます。

共振回路の周波数安定度が比較的高い PLL(位相ロックループ・シンセサイザ)回路に使う電圧制御発振器(VCO)を直

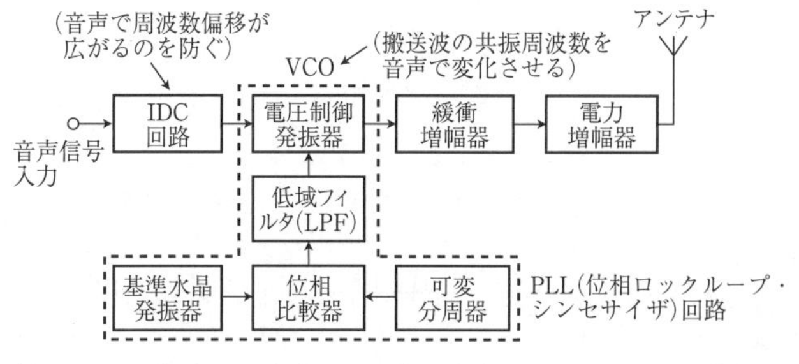

第 3.5 図　直接 FM 方式の FM(F3E)送信機の原理的な構成例

接FMの変調器として最近では多く用いられるようになってきています。

FM波の占有周波数帯幅は次の式で計算できます。

FM波の占有周波数帯幅＝(最大周波数偏移＋最高周波数)×2

(注) FM波は、信号波の振幅に応じて、搬送波の周波数が変化します。その周波数の変化の大きさを周波数偏移という。

[5] IDC回路(瞬時周波数偏移制御回路)

IDC回路は、音声増幅器のあとに入れて、大きな音声信号が入力に加わっても一定の周波数偏移内に収める働きをします。

【DSB送信機、SSB送信機、FM送信機の比較】

[1] DSB送信機とSSB送信機の比較

DSB(A3E)送信機…搬送波、上側波帯及び下側波帯を使用します。

SSB(J3E)送信機…上側波帯または下側波帯のいずれか一方のみを使用します。

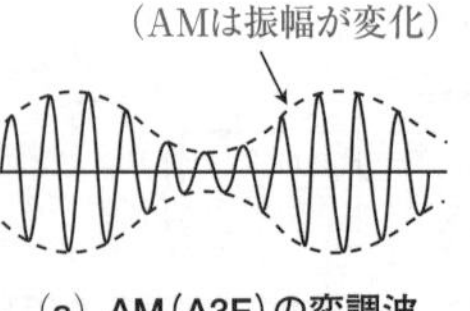

(a) AM(A3E)の変調波

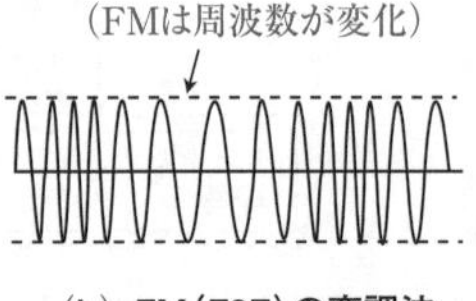

(b) FM(F3E)の変調波

第3.6図 変調波形の比較

[2] **DSB 送信機とFM 送信機の変調波の比較(第3.6図)**

DSB(A3E)送信機…音声信号で変調された搬送波は、振幅が変化しています。

FM(F3E)送信機…音声信号で変調された搬送波は、周波数が変化しています。

[3] **変調回路の比較**

DSB 送信機……コレクタ変調回路、プレート変調回路
SSB 送信機……平衡変調器、リング変調器
間接 FM 送信機……周波数変調器、位相変調器
直接 FM 送信機……電圧制御発振器(VCO)回路

4. 受信機

【無線受信機の性能】

[1] **感　度**

どれだけ弱い電波まで受信できるかの能力

[2] **選択度**

周波数の異なる数多くの電波の中から、他の電波の混信を受けないで、目的とする電波を選び出す能力

[3] **安定度**

受信機で一定の周波数と一定の強さの電波を受信したと

き、再調整しないでどれだけ長時間にわたって一定の出力が得られるかの能力

[4] 忠実度

送信側から送られた信号が受信機の出力側でどれだけ忠実に再現できるかの能力

【スーパヘテロダイン受信機】

スーパヘテロダイン方式は、受信した周波数をそれより低い一定の周波数(これを中間周波数という)に変えてから増幅します。このようにすると、一定の周波数だけを増幅すればよいので、性能のすぐれた受信機を作ることができます。受信機といえばスーパヘテロダイン方式が20世紀の主流でした。

【DSB受信機(A3E受信機)】

[1] DSB受信機の構成

第4.1図　DSB受信機の構成図

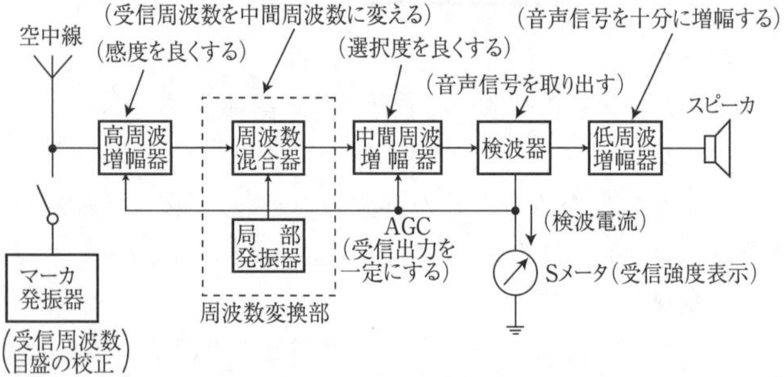

[2] 高周波増幅器

スーパヘテロダイン受信機の高周波増幅器の目的は次のとおりです。

① 高周波を増幅し、受信感度を良くする。

② 周波数変換部で発生する雑音の影響が少なくなるために信号対雑音比が改善される(雑音が少なくなる)。

③ 周波数変換部にある局部発振器から発生するスプリアス(高調波などの妨害波のこと)がアンテナから電波となって放射することを防ぐ。

④ 影像周波数混信に対する選択度を良くする。

[3] 周波数変換部

スーパヘテロダイン受信機の周波数変換部の目的は次のとおりです。

① 受信周波数と局部発振周波数を混合して、受信周波数を中間周波数に変える。

② 局部発振器で必要な条件は、スプリアス成分(高調波など)が少ないこと。

[4] 中間周波増幅器

スーパヘテロダイン受信機の中間周波増幅器の目的は次のとおりです。

① 中間周波数を増幅して、選択度と利得を向上させる。

② 中間周波増幅器では、一般的に入力信号周波数と局部発振周波数の差の周波数が増幅される。

[5] 検波器(直線検波器)

検波器の働きは中間周波出力の信号(変調された信号)か

ら音声信号を取り出すことです。

DSB受信機に直線検波器が使用されるのは、大きな中間周波出力電圧を検波器に加えることができるからです。これにより、大きな入力に対してひずみを少なくし、忠実度を良くします(電子回路の復調の項を参照)。

[6] 低周波増幅器

スーパヘテロダイン受信機の低周波増幅器の働きは、音声信号を十分な電力まで増幅することです。

[7] DSB受信機の付属回路

(a) AGC回路(自動利得制御回路)

フェージングなどにより受信電波が時間とともに変化する場合、電波が強くなったときには受信機の利得を下げ、また、電波が弱くなったときには利得を上げて、受信機の出力を一定に保つ働きをする回路をAGCといいます。

(注) フェージングは、電波伝搬の章を参照

(注) 利得とは、出力と入力との比の値で増幅度ともいいます。

(b) Sメータ

受信信号の強さを指示するメータをSメータといいます。検波電流の大小で指示します。

【混　信】

[1] 影像周波数混信

スーパヘテロダイン受信機に特有の混信で、受信周波数が中間周波数の2倍だけ高いか、または低い周波数で受信

されて生じる混信です。影像周波数混信を軽減する方法は、

① 中間周波数を高くする。
② 高周波増幅部の選択度を高くする。
③ アンテナ回路にウェーブトラップを挿入する。

[2] 近接周波数による混信

中間周波増幅部の中間周波変成器(IFT)の調整が崩れると帯域幅が広がり、近接周波数による混信を受けやすくなります。

これを防ぐには、中間周波増幅部にクリスタルフィルタやメカニカルフィルタなど適切な特性の帯域フィルタ(BPF)を用いて、帯域幅を狭くします。

[3] 外来雑音による混信

無線受信機のスピーカから大きな雑音が出ているとき、これが外来雑音によるものかどうかを確かめるには、受信機のアンテナ端子とアース端子を導線でつなぎます。

このようにした場合、雑音が消えれば外部の雑音、消えなければ受信機内部で発生している雑音です。

(注) 外来雑音には、高周波ミシン、電気溶接器、自動車の点火栓、電気ドリル、電気バリカンなどがあります。

【SSB 受信機(J3E 受信機)】

SSB(J3E)電波は、そのままでは検波できず、受信機の中で搬送波と同じ周波数を作って、SSB 電波と混ぜ合わせてから検波しなければなりません。このための周波数を作る発振器があること、選択度を良くするための帯域フィルタがあること

第 4.2 図　SSB 受信機の構成図

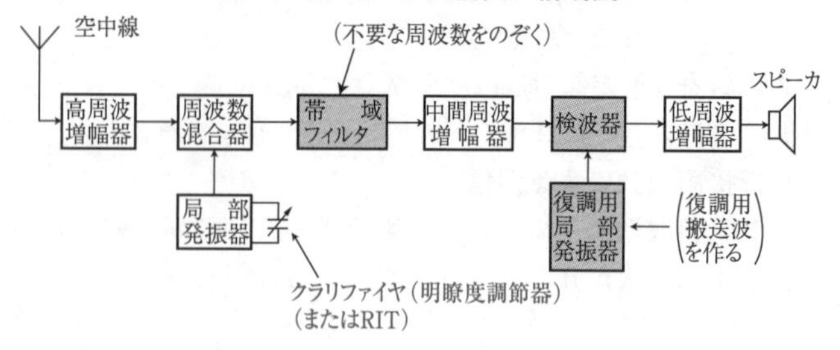

が、DSB 受信機と違う部分です。

[1] SSB 受信機の構成

SSB 受信機の構成図を**第 4.2 図**に示します。DSB 受信機と違う部分が出題されます。

[2] 帯域フィルタ

SSB 波は占有周波数帯幅が狭いので、中間周波変成器(IFT)による選択度では不十分なため、帯域フィルタを用いて不要な周波数を除いています。

[3] 検波器(プロダクト検波器)

SSB 波は搬送波が抑圧されているので、DSB 用検波器では検波できません。このため検波器に SSB 波と復調用局部発振器の出力を加えて検波しています。

[4] 復調用局部発振器

送信機側で抑圧された搬送波周波数に相当する復調用搬送波を作るところです。この発振周波数を検波器に加えて復調します。

[5] SSB 受信機の付属回路

(a) クラリファイヤまたは RIT(明瞭度調整器)

SSB 波を受信する場合、受信機の局部発振器が送信側の搬送波の周波数と正確に合っていないと、受信信号の明瞭度が悪くなります。発振周波数を変化させて明瞭度をよくする回路をクラリファイヤまたは RIT(明瞭度調整器)といいます。

【FM 受信機 (F3E 受信機)】

[1] FM 受信機の構成

第 4.3 図　FM 受信機の構成図

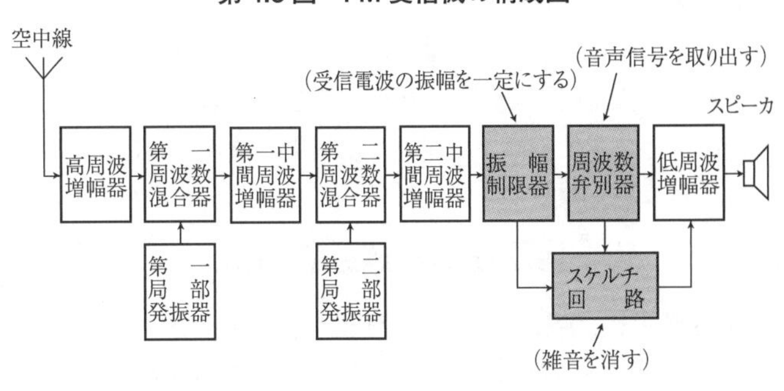

[2] 振幅制限器

FM 波は、搬送波の周波数が変化していますが、振幅は変化していません。しかし、FM 波が空間を伝わってくる間に、いろいろな影響で振幅が変化してしまいます。

振幅制限器は、受信電波の振幅を一定にして、振幅変調成分(雑音成分のこと)を取り除く働きをします。

振幅制限器の振幅制限作用が不十分になると、受信機出力の信号対雑音比が低下します(スピーカから雑音が出るということ)。

[3] 周波数弁別器

受信電波の周波数の変化を振幅の変化になおし、信号波を取り出す働きをするのが周波数弁別器です。

[4] スケルチ回路

受信入力信号がなくなると、低周波出力に雑音が現れるので、この雑音を消すための回路をスケルチといいます。

[5] スケルチの調整

スケルチは前面パネルで調整できるようになっており、受信機の音量調整のつまみを適当にして雑音を出しておき、つぎにスケルチの調整つまみを回して、雑音が急になくなる限界付近の位置にします。

【復調器(検波器)の比較】

DSB受信機、SSB受信機、FM受信機は変調された信号(電波)の中から音声信号を取り出す回路が異なります(**第4.4図**)。

(a) DSB受信機……直線検波器

(b) SSB受信機……プロダクト検波器

(c) FM受信機……周波数弁別器

(注) DSB受信機、SSB受信機、FM受信機の復調器のうち、FM受信機のみは、検波器の名称を使用しません。

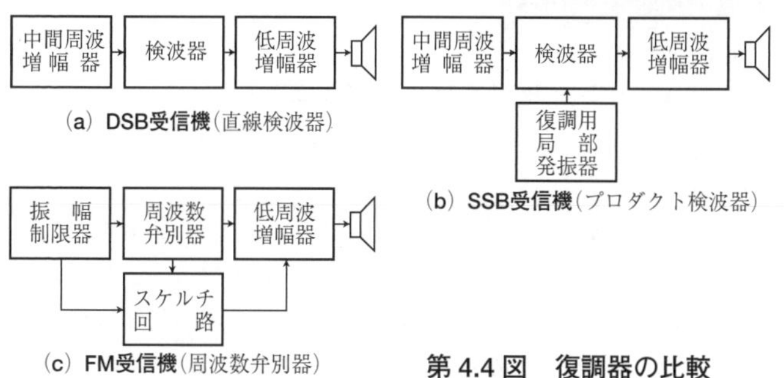

第 4.4 図　復調器の比較

(注) DSB 受信機、SSB 受信機、FM 受信機とも、復調器の入る位置は低周波増幅器の前になります。

5. 電波障害

[1] BCI(ラジオ受信機への電波障害)

中波、短波、FM 放送用受信機に無線局からの音声が混入して、電波障害を起こすことを、BCI といいます。

[2] TVI(テレビ受像機への電波障害)

テレビへの電波障害のことを TVI といいます。

[3] アンプ I(オーディオ機器への電波障害)

オーディオ機器のアンプ回路への電波障害をアンプ I とい

います。

[4] テレフォンI(電話機器への電波障害)

電話機器への電波障害をテレフォンIといいます。

[5] 混変調

無線局の送信アンテナと受信機のアンテナが接近している、あるいはテレビ電波の弱いところでアマチュア局の電波を発射すると、送信機の電波(短波の基本波)が直接受信機に加わり、受信機の内部で受信信号が変調されて、TVI、BCIを起こすことがあります。これを混変調といいます。

[6] 高調波による電波障害

電波の基本波の2倍、3倍の高調波によって他の受信設備に妨害を与えることがあります。

28〔MHz〕帯の第3高調波(基本波28〔MHz〕の3倍波)は84〔MHz〕帯となり、FM放送バンド(76～90〔MHz〕)に混信を与えます。

50〔MHz〕帯の第3高調波は、150〔MHz〕の電波を受信している受信機に妨害を与えます。

[7] 送信機側によるBCI、TVI対策

① アマチュア局の送信アンテナと受信アンテナをできる限り離す。

② アンテナ結合回路の結合度を疎にする（送信機の調整を正しくとる)。

③ 送信機を厳重にしゃへいし、接地を完全にする。

④ 送信機と給電線との間にTV電波を通さないフィルタを挿入する。

⑤　送信電力を低下させる。

[8] 受信機側によるBCI、TVI対策

混変調による電波障害の場合は、テレビ受像機のアンテナ端子と給電線の間に短波帯(3～30〔MHz〕の電波を通さない)高域フィルタを挿入して、短波の基本波を減衰させます。

また、430〔MHz〕帯アマチュア無線の送信電波が地上波デジタルテレビ放送(470～710〔MHz〕)の受信ブースタで増幅されるなどで発生する電波障害を対策するために、トラップフィルタ(帯域除去フィルタ)を地上波デジタルテレビ放送の受信アンテナと受信ブースタとの間に挿入し、一定帯域の周波数分だけ減衰させるなどの対策もあります。

[9] 受信機に電波障害を与えるもの

電気溶接機や自動車の点火プラグなどのように火花を発生するものは、電波障害の原因となります。

[10] スポラジックE層による受信障害

夏の昼間、電離層のE層付近に発生するスポラジックE層は電子密度が大きく、普段は突き抜けるVHF帯の電波(30～300〔MHz〕)を反射するため(201ページの[2]を参照)、遠距離(数100〔km〕)にある同じ周波数帯の受信機に混信妨害を与えます。

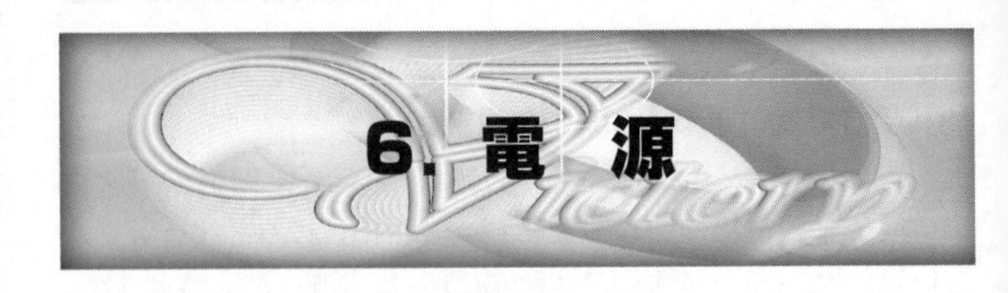

6. 電　源

電源回路の代表的な例が**第6.1図**です。この図を見ながら各ブロックの動作を調べてみましょう。国家試験ではブロックごとの動作、特徴が出題されていますから、これを理解することが大切です。この分野では1問出題されます。

第6.1図　代表的な電源回路

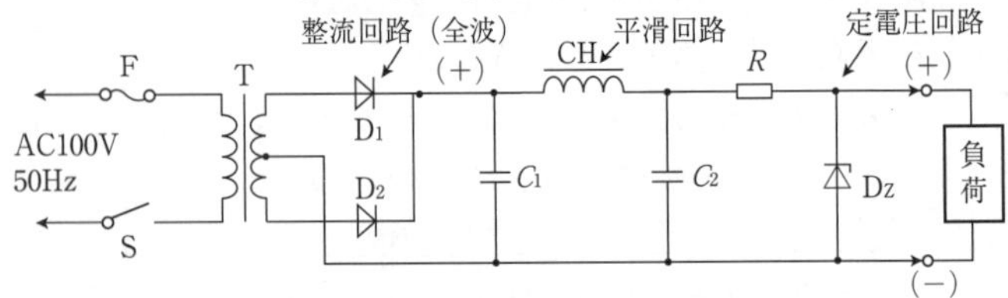

T：電源変圧器，　D_1, D_2：半導体ダイオード，　CH：低周波チョークコイル
C_1, C_2：平滑用コンデンサ，　R：抵抗，　D_Z：ツェナーダイオード
負荷：送・受信機など，AC100V：交流100V，F：ヒューズ，　S：スイッチ

【電源回路】

第6.1図は代表的な電源回路(全波整流回路)です。交流からいくつかの回路を経て、送信機や受信機などで使用する直流を作り出す構成になっています。

【電源変圧器】

[1] 電源変圧器

元の電源電圧から希望する電圧に変える働きをするのが、電源変圧器(電源トランスともいう)です。

[2] 電源変圧器の図記号

電源変圧器の図記号を**第 6.2 図**に示します。図の一次側コイルに AC100〔V〕(交流の略記号を AC と書く)を加えると、二次側コイルには、これと同じ周波数や波形の交流電圧が発生します。このとき、コイルの巻数によって、二次側の出力電圧は変化します。

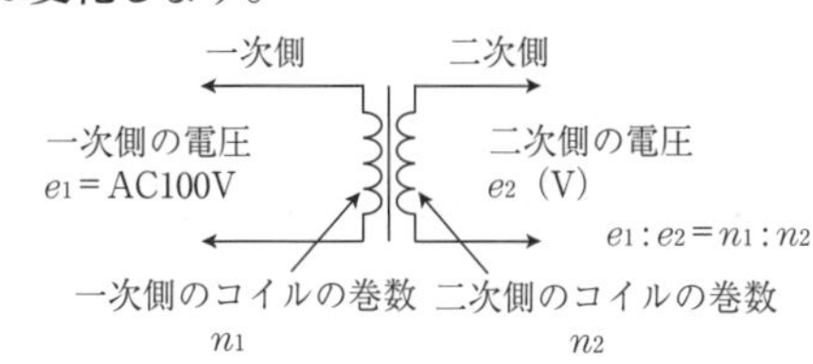

第 6.2 図 電源変圧器

【整流回路】

[1] 整流器

交流を直流に変えるには、交流の片側方向(+側のみ)を得る回路を整流回路といい。接合ダイオードを整流器として使用しています。

接合ダイオードは、順方向電圧を加えたときだけ電流が流れて(p.152 **第 1.1 図**参照)、整流が行われます。

第 6.3 図 半波整流回路

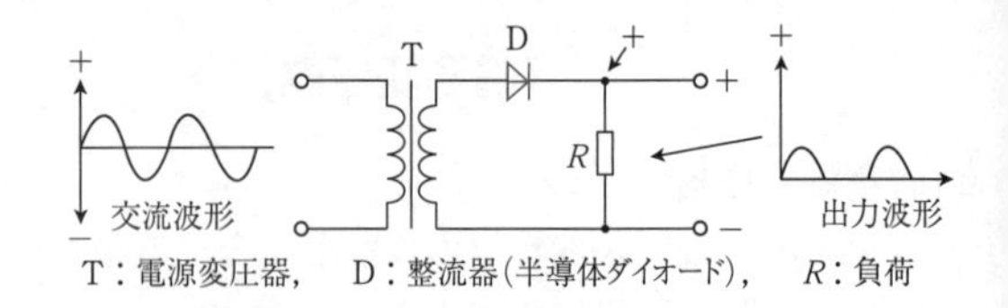

T：電源変圧器，　D：整流器（半導体ダイオード），　R：負荷

第 6.4 図　全波整流回路

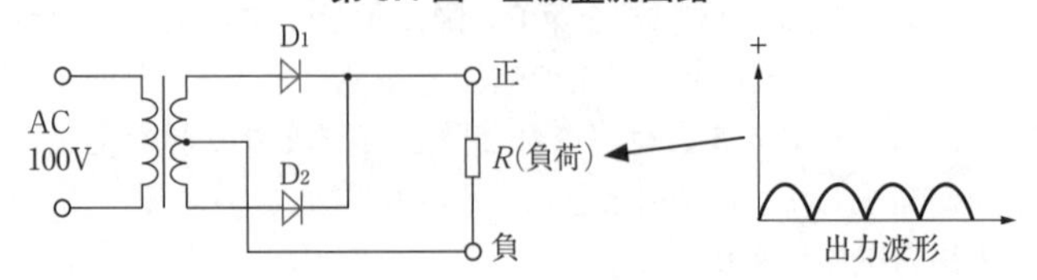

［2］半波整流回路

第 6.3 図のように整流器を 1 個使用した回路を半波整流回路といいます。負荷 R には、図のように交流波形の＋（プラス、正）側しか電流が流れません。つまり、交流のプラスの半サイクル（周期）しか電流が流れないので、半波整流回路と呼ばれます。

［3］全波整流回路

第 6.4 図のように整流器を 2 個使用した回路です。交流がプラス（正）になったときも、マイナス（負）になったときにも整流できるので、全波整流回路といいます。

［4］半波整流回路と全波整流回路の比較

全波整流回路のすぐれている点は、リプル周波数（脈流）が、電源周波数の 2 倍……入力電圧 AC100〔V〕、50〔Hz〕

でのリプル周波数は半波整流回路では50〔Hz〕、全波整流回路では2倍の100〔Hz〕。

直流中に含まれている交流分が小さい（リプル含有率が小さいともいう）……半波整流回路の約半分。

【平滑回路】

第6.1図における整流回路と負荷の間にあるコンデンサ(C_1とC_2)及び低周波チョーク・コイル(CH)を平滑回路といいます。

整流された電流はまだ完全な直流ではなく交流分を含んでいます（これを脈流という）。この交流分を取り除いて直流にする回路です。

【定電圧回路】

電源は、負荷電流が変化しても、出力電圧が変動しないことが大切です。このため、出力電圧を安定化した電源を必要とするときには、ツェナーダイオード（定電圧ダイオードともいう）を負荷に並列に入れて、電源電圧が変動しても、出力電圧が一定になる働きをさせています。これを定電圧回路といいます。

[1] ツェナーダイオード（定電圧ダイオード）の性質

シリコン接合ダイオードに加える逆方向電圧を次第に増加していくと、ある電圧で急に大電流が流れるようになります。このような特性のダイオードをツェナーダイオードといいます。

【電　池】

電池には乾電池(一次)と蓄電池(二次)の2種類があります。

① 乾電池は、一度使い切ってしまうと、二度とは使えません。単1、単2、単3乾電池などがその代表的な例です。この電池は1.5〔V〕で、放電終止電圧(放電したときの電圧)は0.85〔V〕です。たとえば、マンガン乾電池などです。

② 蓄電池は充電することで何度でも使用できるもので、鉛蓄電池、ニッケルカドミウム電池、リチウムイオン電池などがあります。

③ 鉛蓄電池は約2〔V〕で、放電終止電圧は1.8〔V〕です。ニッケルカドミウム電池は1.2〔V〕で、放電終止電圧は1.0〔V〕です。

④ リチウムイオン電池は、小型軽量で電池1個の端子電圧は約3.6〔V〕です。また自己放電量が少なく、メモリー効果もないので、継ぎ足し充電ができるという特徴を持っています。一方、破損・変形による発熱・発火の危険性があります。最近の携帯電話の電池として広く使用されています。放電終止電圧は3〔V〕です。

⑤ 太陽電池は、光の強さによってダイオードに流れる電流が変化するホトダイオードの性質を利用した電池で、人工衛星などの電源に使用されています。

[1] 電池の接続

同一容量、同一電圧の電池を2個以上接続すると、**第6.6図**のように、

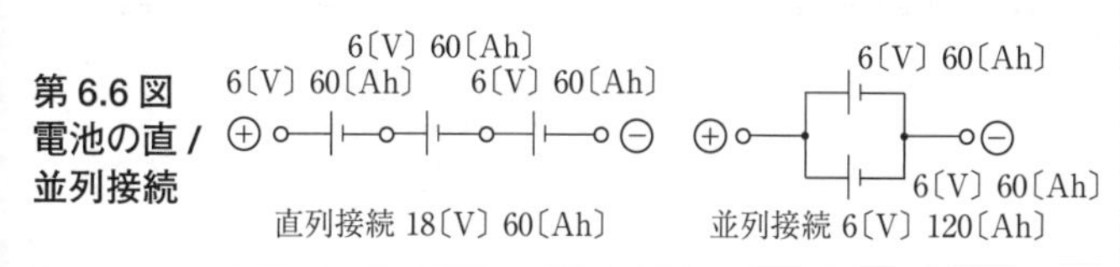

第6.6図 電池の直/並列接続

① 直列接続……高い電圧となる(容量は変わらない)

(例) 1個6〔V〕、60〔Ah〕の蓄電池を3個直列にすると、6 + 6 + 6 = 18〔V〕、合成容量は60〔Ah〕

② 並列接続……容量が増加する(電池の使用時間が長くなる)

[2] 電池の容量

蓄電池がどれだけ電流を流せるかという能力で、流す電流が多くなるほど、蓄電池の使用時間は短くなります。

電池の容量はアンペア時(Ahとも書く)で表し、放電する電流の大きさ〔A〕と放電できる時間〔h〕の積で表します。

(例) 30〔Ah〕の電池で1〔A〕流すと30時間で電池は使用できなくなります。

【波長と周波数】

電波の伝わる速さを周波数fで割ったものを電波の波長λ(ラムダ)といいます。

$$\lambda = \frac{300}{f〔\mathrm{MHz}〕} 〔\mathrm{m}〕$$

電波の伝わる速さは光の速さ3×10^8〔m/s〕(毎秒30万〔km〕)です。一方、アマチュア無線でよく使用する周波数は〔MHz〕、(=10^6〔Hz〕)なので、この単位の分だけ先に計算すると、分母は〔MHz〕に、分子は300になります。

【空中線電力、空中線抵抗】

[1] 空中線電力

送信機からアンテナに高周波電流を流すと、アンテナから電波を放射しますが、このとき、送信機を電源と考えると、アンテナは負荷抵抗にあたります。いま、アンテナが電力を消費する抵抗(空中線抵抗)、アンテナに流す電流(空中線電流)と、アンテナが消費する電力(空中線電力)の間には、空中線電力=(空中線電流)^2 ×空中線抵抗の関係がなりたちます。電力の公式($P=I^2R$)と同じです。

[2] 放射抵抗

空中線電力は全部電波に変わるのではなく、電波に変わる電力と損失となる電力に分けることができます。

空中線抵抗もこれと同じで、放射抵抗と損失抵抗に分けることができます。放射抵抗は、アンテナから電波を放射するのに役立っていると考えられる抵抗です。

【短縮コンデンサと延長コイル】

使用する電波の波長が、アンテナの固有波長より短い場合は、アンテナ回路に直列に短縮コンデンサを入れ、アンテナの電気的長さを短くしてアンテナを共振させます。

逆に、使用する電波の波長が、アンテナの固有波長より長い場合は、アンテナ回路に直列に延長コイルを入れ、アンテナの電気的長さを長くします。送信アンテナを使用するとき、延長コイルを使用するのは、使用する電波の周波数がアンテナの固有周波数より低い場合です。

【水平半波長ダイポールアンテナ】

第7.1図のように、給電点を中心に左右に$\frac{1}{4}$波長ずつ(全体で$\frac{1}{2}$波長)、大地に対して水平に設置したものを水平半波長ダイポールアンテナといいます。指向性は水平面で8字形となります。電流分布は中央部(給電部)が最大となります。また、大地に対して垂直に立てたものを垂直半波長ダイポールアンテナといい、無指向性となります。

給電点のインピーダンスは約75〔Ω〕です。

第7.1図　水平半波長ダイポールアンテナの電流分布と水平面指向特性

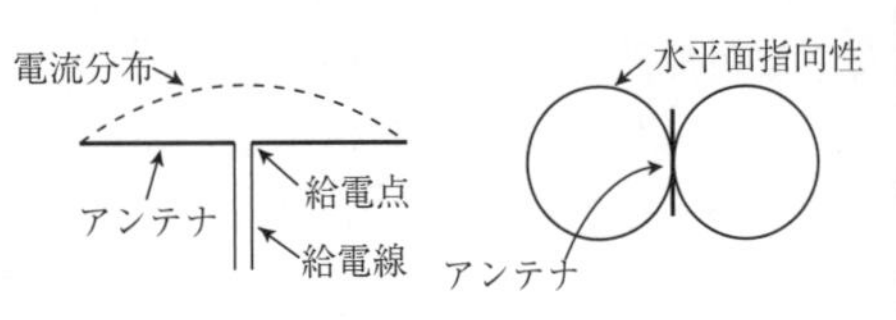

【$\frac{1}{4}$波長垂直接地アンテナ】

大地を片側のエレメントに見立てて、給電部の片側を大地に接続(接地)して垂直に立てた、全長$\frac{1}{4}$波長のアンテナです(**第7.2図**)。給電部付近で空中線電流が最大となるので、接地抵抗を小さくしないと効率が悪くなります(その対策としてアースを完全にします)。水平面指向性はアンテナを中心とした円となります。これを全方向性または無指向性といいます。

なお、$\frac{1}{4}$波長垂直接地アンテナの給電点インピーダンスはダイポールアンテナの半分で約36〔Ω〕です。

第7.2図
$\frac{1}{4}$波長垂直接地アンテナの電流分布と水平面指向特性

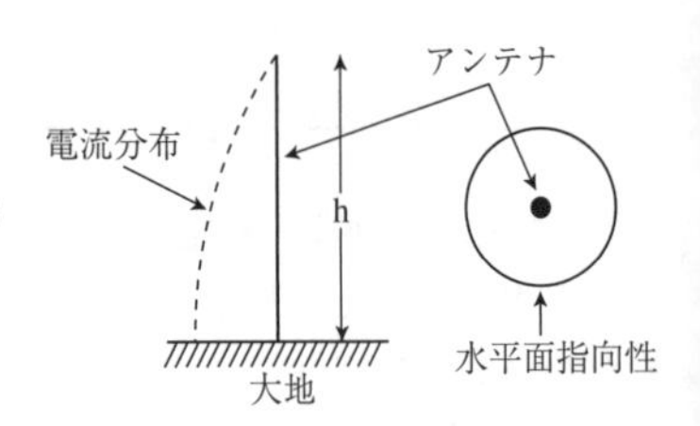

【ブラウンアンテナ(グランドプレーンアンテナ)】

同軸ケーブルの中心導線を$\frac{1}{4}$波長のばし、外部導体の端に

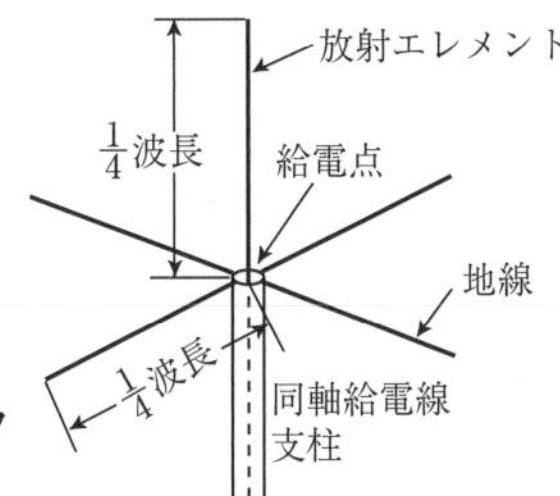

第7.3図　ブラウン(グランドプレーン)アンテナ

$\frac{1}{4}$波長の導体を4本(これを地線という)、大地に平行に放射状につけたアンテナをブラウンアンテナ(グランドプレーンアンテナ)といいます(**第7.3図**)。

地線が大地の働きをして、$\frac{1}{4}$波長垂直接地アンテナとして働き、水平面無指向性です。

【八木アンテナ(八木・宇田アンテナ)】

半波長ダイポールアンテナの前方に少し短い導線(これを導波器という)を置き、後方に少し長い導線(これを反射器という)を置いたものを八木アンテナといいます(**第7.4図**)。この場合、ダイポールを放射器といい、給電線はこの放射器に接続されます。

[1] 三素子八木アンテナの各素子の長さ

導波器＜放射器＜反射器

[2] 八木アンテナの指向性

指向性は導波器の方向へ集中して電波が放射されます。アンテナの利得を上げるには、導波器の数を増やします。

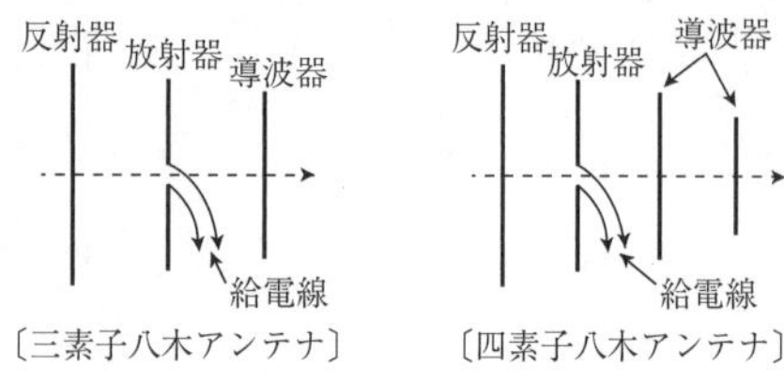

第 7.4 図
八木アンテナと水平面指向特性

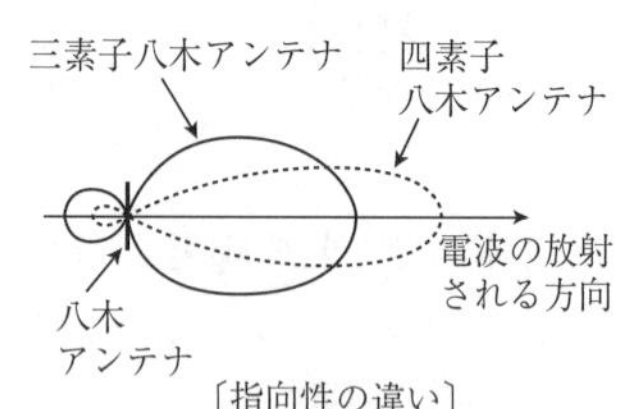

【給電線】

アンテナと送・受信機の間をつないで電力を有効に送るための導線を給電線(フィーダ)といいます。給電線に必要なことは、外部から誘導妨害を受けないこと、伝送途中での損失が少ないことなどで、それ自体で電波を放射したり、電波を受信したりすることは好ましくありません。

[1] 整　合

同軸給電線を用いるとき、送信機の出力インピーダンスと同軸給電線の特性インピーダンス、さらにアンテナの給電点インピーダンスが等しくなるようにします。これらのインピーダンスが等しくないと、送信機の高周波電力を効率良くアンテナに伝送することができません。この整合状況を調べるためには、定在波比測定器(SWR メータ、「9．無線測定」

参照)を使用します。

【電圧給電と電流給電】

給電点において、電流分布を最小にする給電方法を電圧給電といいます。このとき、電圧分布は給電点で最大となります。

給電点において、電圧分布を最小にする給電方法を電流給電といいます。このとき、電流分布は給電点で最大となります(**第7.5図**)。

第7.5図　給電点の電圧、電流分布の様子

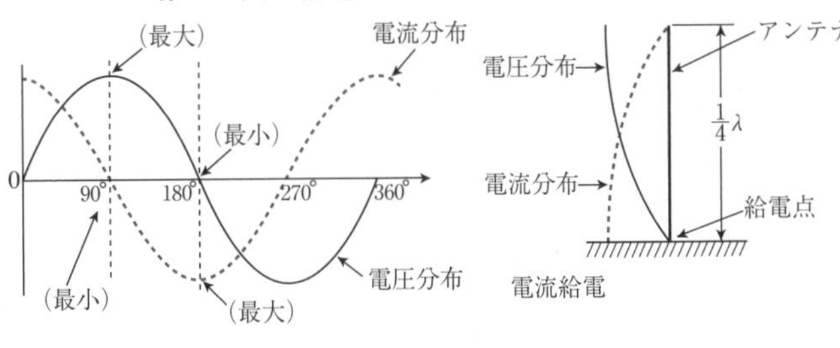

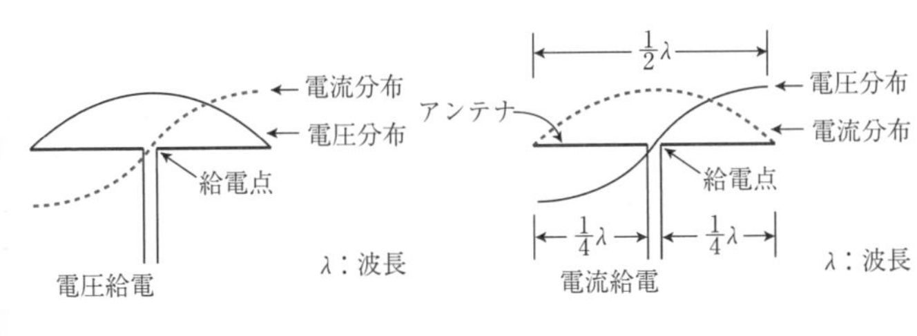

【電　波】

導体(アンテナ)に高周波電流を流すと導体と平行に電界が発生し、この電界と直角に磁界が発生します。この電界と磁界が交互に発生することで、電磁波(電波)として空間を伝わっていきます。

[1] 水平偏波と垂直偏波

磁界と電界のうち、

① 電界が大地と平行になっている電波を水平偏波といいます。

② 電界が大地と垂直になっている電波を垂直偏波といいます。

【電離層】

電離層は地球大気の上層部の気体分子が、太陽からの紫外線によって電離された電子やイオンからできている層で、電波を吸収して弱めたり、屈折したり、反射したりする性質があります。

電離層は太陽活動による影響が大きく、密度は夜間より昼間のほうが高く(日変化)、冬より夏のほうが高く(季節変化)なります。

電波の周波数が高くなるほど、電離層を突き抜けやすくなります。

電波が電離層を突き抜けるときの減衰と、反射されるときの減衰は、周波数と関係があります。

① 突き抜けるとき……周波数が高いほど減衰が少ない。

② 反射するとき……周波数が高いほど吸収されて減衰が大きい。

[1] F 層

地上200〔km〕～ 400〔km〕に発生する最も高い電離層をF層といいます。短波(3 ～ 30〔MHz〕)は、F層で反射されて地上にもどってきます。それよりも周波数の高い超短波(30 ～ 300〔MHz〕)は、F層を突き抜けてしまいます。F層は夜間になると電子密度が小さくなり、昼間使用できた高い周波数の電波も突き抜けてしまうため、**低い周波数**に変えて交信しなければなりません。

[2] スポラジックE層

1年中で太陽光線の一番強い夏季の昼間に多く発生し、E層(地上100〔km〕ぐらいの高さに発生する電離層)と同じ高さに突発的に発生する電子密度の高い電離層をスポラジックE層(E_S)といいます。スポラジックE層が発生すると、電離層を突き抜けるはずの超短波(VHF：30 ～ 300〔MHz〕の電波)を反射し、超短波が異常に遠方まで伝わることがあります(電波障害の項を参照)。

第 8.1 図
電離層と電波の伝わり方

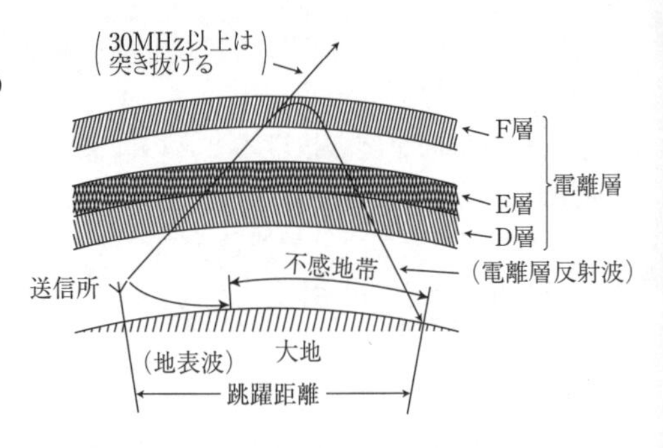

【短波の伝わり方(HF：3 ～ 30〔MHz〕帯の電波)】

短波は**第8.1図**のように電離層(F 層)で反射されて地上にもどり、地表で反射されてまたF 層で反射されるということをくり返して地球の裏側まで伝わります。

① 電離層反射波……送信アンテナから出て電離層で反射されて地上にもどってくる電波。

② 地表波……大地の表面に沿って伝わる電波。

③ 不感地帯……最初に電離層で反射される電離層反射波がもどってくる地点との間に、地表波も電離層反射波も届かない地点ができてしまいます。この場所を不感地帯といいます。

④ 跳躍距離……短波(HF)帯の電波が電離層(F 層)で反射されて、電離層反射波が初めて地上に達する地点と送信所との地上距離を跳躍距離といいます。

[1] フェージング

電離層伝搬を利用する短波通信では、電離層などの状態により、受信電波の強さが、時間とともに弱くなったり、強くなったりする現象(フェージングという)があります(受信機・DSB受信機のAGC回路の項を参照)。

【超短波の伝わり方(VHF：30～300〔MHz〕)】

超短波は、主に直接波と大地反射波が使用されます(**第8.2図**)。

① 直接波……送信アンテナから受信アンテナへ直接伝わる電波。

② 大地反射波……一度大地で反射してから受信アンテナに届く電波。

電波は周波数が高くなるほど、光の性質に似てくるので、超短波では目で見える距離(見通し距離という)の範囲しか届きません。見通し距離を延ばすためには(ビルなどの障害物をさけるために)、アンテナを高くします。

しかし、スポラジックE層の反射、山岳による回折(山頂で電波が折れ曲がって山の裏側まで電波が届く現象)、対流圏散乱波などで、見通し距離外へ電波が伝わることがあります。

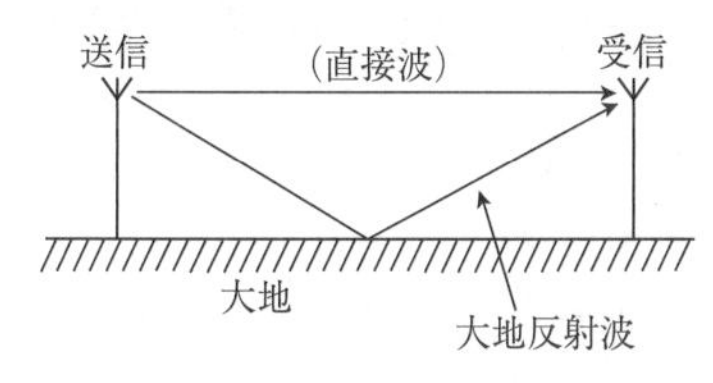

第8.2図
直接波と大地反射波

【分流器(電流計の測定範囲を拡大する方法)】

負荷に流れる電流を測定する場合、負荷に直列に電流計を入れて、測定する電流が電流計の中を流れるように接続します。電流計の測定範囲は目盛板に示してありますが、それ以上の電流を測定する場合、**第9.1図**のように、電流計に並列に抵抗器を入れます。この抵抗器を分流器といいます。

この場合、分流器を接続したときの最大測定値と、電流計自身の最大測定値の比を倍率といいます。

第9.1図で、電流計の内部抵抗(電流計のコイルなどの抵抗)をr〔Ω〕、倍率をNとすると、分流器の抵抗R〔Ω〕は、

$$R=\frac{r}{N-1} \text{〔Ω〕} \quad \cdots\cdots\cdots\cdots\cdots\cdots\cdots\cdots \ (1)$$

この式から倍率Nは、

$$N=\frac{r}{R}+1 \text{〔倍〕}$$

【倍率器(電圧計の測定範囲を拡大する方法)】

負荷の両端の電圧を測定するときは、電圧計を負荷に並列に接続します。

電圧計の測定範囲を拡大したいときは、**第9.2図**のように電

第 9.1 図　分流器

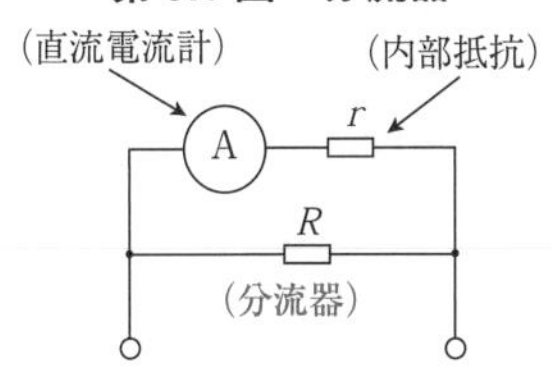

第 9.2 図　倍率器

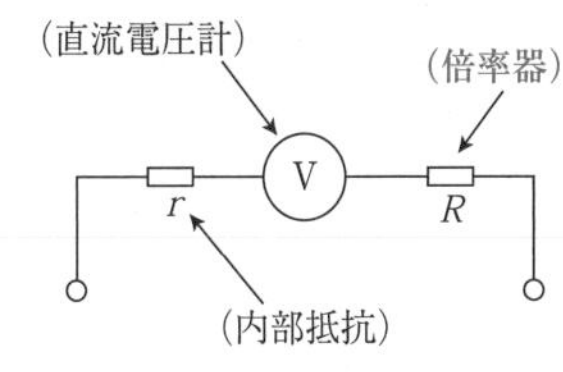

圧計に直列に抵抗をつなぎます。この抵抗を倍率器といいます。

電圧計の内部抵抗をr〔Ω〕、倍率をNとすると、倍率器の抵抗R〔Ω〕は、

$$R = r(N - 1) \quad \cdots\cdots\cdots\cdots\cdots\cdots \quad (2)$$

この式から倍率Nは

$$N = \frac{R}{r} + 1 \quad 〔倍〕$$

【測定器】

[1] テスタ

1台で直流電流、直流電圧、交流電圧、抵抗を測定できるようになっています。

電流や電圧の測定では、予想する最大値より大きな測定レンジを選び、テスタ内部にある分流器や倍率器を適切にします。

抵抗の測定では少し注意が必要です。テスタの中に電池が入っていて、測定する抵抗に電流を流し、その電流を測

定することによって、抵抗をはかるようになっています。適切な測定レンジを選んだあとに、2本の「テスト棒(テストリード)」の先端を短絡(ショート)させ、指針が0〔Ω〕をさすように「0〔Ω〕調整用のつまみ」を回して0〔Ω〕になるように調整(ゼロ点調整)をします。

[2] ディップメータ

LC発振器と可動コイル形電流計を組み合わせた計器で、同調回路の共振周波数を測定します。

① 測定回路のコイルとディップメータの発振コイルの結合を疎結合にします(コイルの結合を小さくするということ)。

② 測定する同調回路の共振周波数にディップメータの発振周波数が一致したとき、発振出力が同調回路に吸収されるため、ディップメータの電流計の指示が最小になります。

③ このときのディップメータの可変コンデンサのダイヤル目盛から、測定する回路の共振周波数が直読できます。

[3] SWRメータ(定在波比測定器)

給電線の定在波比(SWRともいう)を測定し、アンテナと給電線との整合状態を調べます。

① SWRメータで、アンテナと給電線の整合状態を調べるときは、給電線のアンテナの給電点に近い部分に挿入します。

② SWR(定在波比)の値は1.0に近いほど良い整合状態となります。

[4] 通過形電力計

アンテナの進行電力と反射電力を測定して、その差から空中線電力を直接測定できる計器です。

1. 無線工学の基礎

問1 **1図**に示す回路において、ａｂ端子間の合成抵抗は幾らか。

〔**1図**〕

a ○―[10〔Ω〕 ∥ 10〔Ω〕]―5〔Ω〕―○ b

【解き方】 まず並列になっている 並列部分の合成抵抗(R')を求めます。

$$\frac{1}{R'}=\frac{1}{10}+\frac{1}{10}=\frac{2}{10}=\frac{1}{5}$$

$R'=5$ 〔Ω〕

合成抵抗 R は

$R=5+5=10$〔Ω〕

が正答です。

問2 **2図**に示す回路のａｂ端子間の電圧は、幾らか。

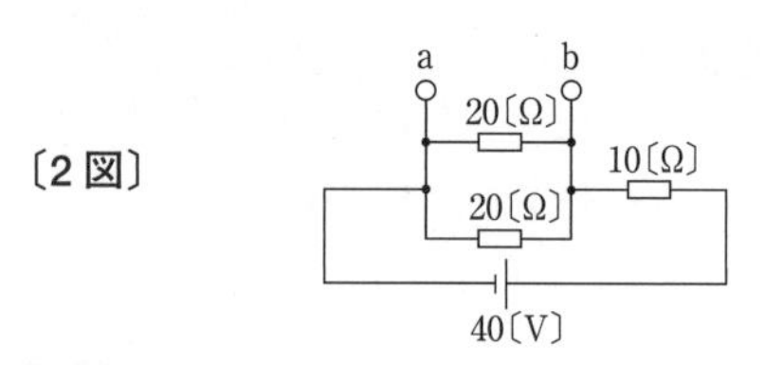

【解き方】 問1 と同様の計算を行います。

【解き方】 20〔Ω〕と20〔Ω〕のａｂ間の合成抵抗 R' は，

$$\frac{1}{R'}=\frac{1}{20}+\frac{1}{20}=\frac{2}{20}=\frac{1}{10}$$

$$R'=\mathbf{10}〔\Omega〕$$

ここで、ａｂ間の合成抵抗 R' と右側の10〔Ω〕に流れる電流 I は同じであることに着目します。R' にかかる電圧を V_1、10〔Ω〕にかかる電圧を V_2 とすると、オームの法則より

$$I=\frac{E}{R}=\frac{V_1}{10}=\frac{V_2}{10}$$

よって $V_1=V_2$ とわかります。また、$V_1+V_2=40$〔V〕なので、

$$V_1+V_2=V_1+V_1=2V_1=\mathbf{40}$$

$$V_1=20〔\Omega〕$$

となります。

※合成抵抗 R' が10〔Ω〕となり、右側の抵抗と同値になった時点で40〔V〕の半分で20〔V〕と答えてもOKです。

問３　**３図**に示す回路のａｂ端子間の合成静電容量は、幾らになるか。

〔**3図**〕
20〔μF〕
a
b
30〔μF〕

【解き方】 図の20〔μF〕と30〔μF〕

はコンデンサの並列接続ですから、

20 + 30 = **50**〔μF〕

問4　**4図**に示す回路のａｂ端子間の合成静電容量は、幾らか。

〔**4図**〕

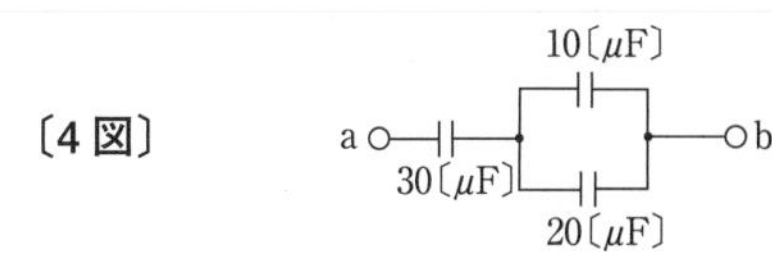

【解き方】 まず並列部分の合成静電容量を求めます。

10 + 20 = 30〔μF〕

次に、30〔μF〕と並列回路の合成静電容量30〔μF〕は直列接続になりますから、

$$\frac{1}{C}=\frac{1}{30}+\frac{1}{30}=\frac{2}{30}=\frac{1}{15}$$

C = **15**〔μF〕

問5　最大値が140〔V〕の正弦波交流電圧の実効値は、ほぼ何ボルトか。

【解き方】 実効値は、

$$実効値=\frac{最大値}{\sqrt{2}}\fallingdotseq\frac{最大値}{1.4}$$

で求められるので、

$$実効値\fallingdotseq\frac{最大値}{1.4}=100〔V〕$$

(注)　実効値100〔V〕は家庭にきている電気で、交流の大きさは一般的には実効値で表します。

問6　5図に示す回路において、抵抗 R を2倍にすると、回路に流れる電流 I は、元の値の何倍になるか。また、抵抗 R を $\frac{1}{2}$ にすると回路に流れる電流 I は、元の値の何倍になるか。

〔5図〕

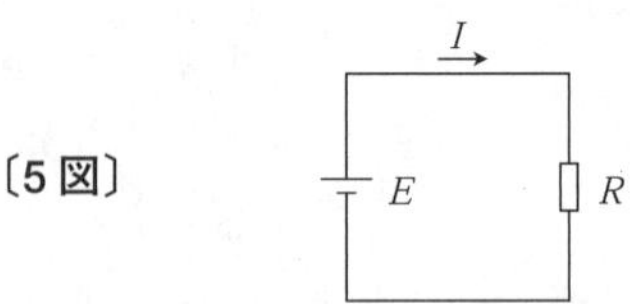

【解き方】 オームの法則から、

① $I=\dfrac{E}{R}$ なので、$I'=\dfrac{E}{2R}=\dfrac{1}{2}\times\dfrac{E}{R}=\dfrac{1}{2}I$ で電流は $\dfrac{1}{2}$ 倍

② $I''=\dfrac{E}{\frac{1}{2}R}=2\times\dfrac{E}{R}=2I$ で電流は2倍

問7　6図に示す回路において、電圧 E を4倍にすると、抵抗 R に消費される電力は、元の値の何倍か。

〔6図〕

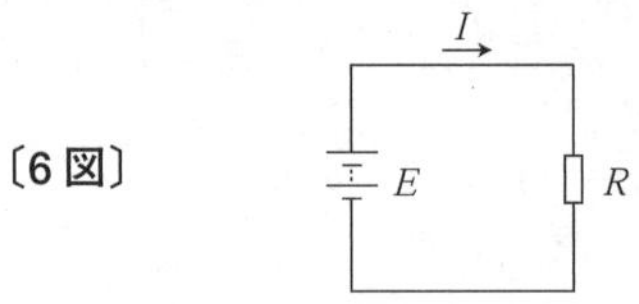

【解き方】 電圧 E を4倍にしたときの消費される電力を P' とすると、

$P=\dfrac{E^2}{R}$ なので、$P'=\dfrac{(4E)^2}{I}=\dfrac{16\times E^2}{I}=16\times\dfrac{E^2}{I}=16P$ で16倍

問8　直流電源100〔V〕で動作する消費電力500〔W〕の負

荷の電気抵抗は、何オームか。

【解き方】 電力 $P(=\frac{E^2}{R})$〔W〕を求める電気抵抗をR〔Ω〕について解いて、題意を代入すると、

$$R=\frac{E^2}{P}=\frac{100\times100}{500}=\frac{100\times100}{5\times100}=\frac{100}{5}=20〔\Omega〕$$

ポイントは100×100を10000と計算しないことです。できるだけ小さい数値で計算したほうが間違いを防ぐには有効です。

問9 4〔Ω〕の抵抗に直流電圧を加えたところ、100〔W〕の電力が消費された。抵抗に加えられた電圧は、幾らか。

【解き方】 電力の公式($P=EI$)にオームの法則($I=\frac{E}{R}$)を代入して、問題文にある抵抗、電力、電圧だけになるようにすると、

$$P=EI=E\times\frac{E}{R}=\frac{E^2}{R}$$

$E^2=PR$よって$E=\sqrt{PR}=\sqrt{100\times4}=\sqrt{400}=\sqrt{20^2}=20$〔V〕

問10 **7図**に示すコンデンサのリアクタンスの値で、最も近いのはどれか。

〔7図〕

【解き方】 コンデンサのリアクタンスX_Cは、

$$X_C=\frac{1}{2\pi fC}=\frac{1}{2\pi\times60\times75\times10^{-6}}$$

$$= \frac{1}{2\pi \times 6 \times 10 \times 7.5 \times 10 \times 10^{-6}}$$

$$= \frac{1}{90 \times 10 \times 10 \times \pi \times 10^{-6}} = \frac{1}{9\pi \times 10^{3} \times 10^{-6}}$$

$$= \frac{1}{9\pi \times 10^{-3}} = \frac{10^{3}}{9\pi} \fallingdotseq \frac{10^{3}}{28.26} \fallingdotseq 35.38〔\Omega〕$$

となり、およそ35〔Ω〕に近い選択肢が正答です。コンデンサの単位に注意します。μは10^{-6}(100万分の1)です。π(=3.14)は最後に代入したほうが途中の計算が間違えにくくなります。また、$\pi = 3$として計算しても大きく影響しない問題が多いように見受けられます。

問11　8図に示す回路において、コイルのリアクタンスは、ほぼ幾らか。また、回路に流れる電流iは、ほぼ幾らか。

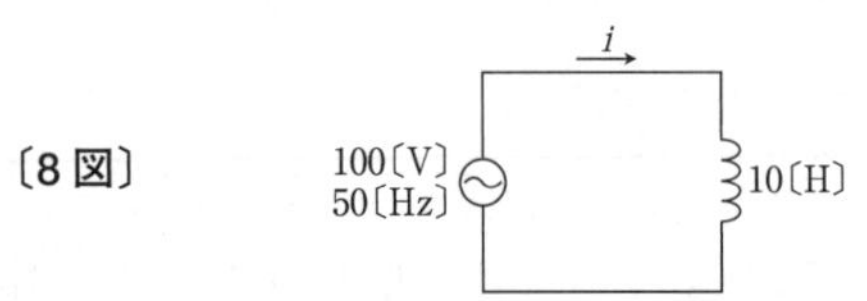

【解き方】　コイルのリアクタンスX_Lは、

$$X_L = 2\pi f L = 2\pi \times 50 \times 10 = 10^3\pi〔\Omega〕$$

$$i = \frac{E}{R} = \frac{E}{X_L} = \frac{100}{10^3\pi} = \frac{10^2}{10^3\pi} = \frac{1}{10\pi} = \frac{1}{31.4} \fallingdotseq 0.032〔A〕$$

2. 電子回路

問1　エミッタ接地トランジスタ増幅器において、コレクタ電圧を一定として、ベース電流を3〔mA〕から4〔mA〕に変えたところ、コレクタ電流が180〔mA〕から240〔mA〕に増加した。このトランジスタの電流増幅率は幾らか。

【解き方】 トランジスタの電流増幅率は、

$$電流増幅率 = \frac{コレクタ電流の変化量}{ベース電流の変化量} = \frac{240-180}{4-3} = 60$$

問2 振幅が150〔V〕の搬送波を振幅が90〔V〕の信号波で振幅変調した場合の変調度は幾らか。

【解き方】 搬送波の振幅Aと信号波の振幅Bの関係から変調度Mを求めるには、

$$M = \frac{B}{A} \times 100 = \frac{90}{150} = \frac{3}{5} \quad 60〔\%〕$$

問3 オシロスコープにより振幅変調波の波形を観測し、波形について測定した結果は図のとおりであった。このときの変調度は幾らか。

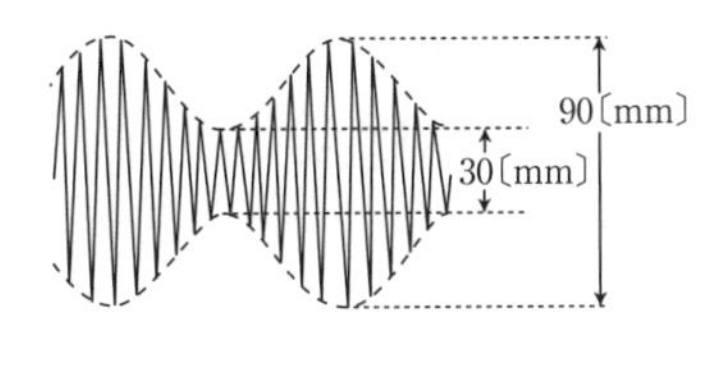

【解き方】 観測した変調波から変調度を求めるには、波形の最大値A = 90〔mm〕と最小値B = 30〔mm〕の和と差の比から求めます。

$$M = \frac{A-B}{A+B} \times 100 = \frac{90-30}{90+30} \times 100 = \frac{60}{120} \times 100 = 50〔\%〕$$

問4 最大周波数偏移が5〔kHz〕の場合、最高周波数3〔kHz〕の信号波で変調するとFM波の占有周波数帯幅は幾らか。

【解き方】占有周波数帯幅は、

FM 波の占有周波数帯幅＝(最大周波数偏移＋最高周波数)×2

$= (5+3)\times 2 = 8\times 2 = \mathbf{16}$〔kHz〕

3. 送信機

問 1　**1 図**に示す DSB 送信機の構成において、送信周波数 f_C と、発振周波数 f_0 の関係式を求めよ。

〔1 図〕

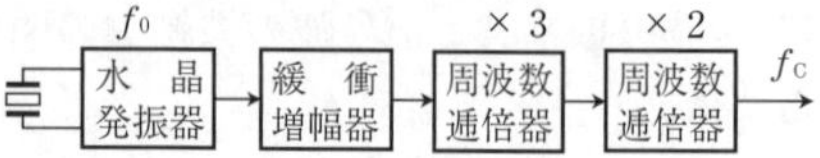

	f_0		×3	×2	
水晶 →	水　晶 発振器 →	緩　衝 増幅器 →	周波数 逓倍器 →	周波数 逓倍器 →	f_C

【解き方】送信周波数 f_C を求めるには、

送信周波数 f_C ＝発振周波数 f_0 ×周波数逓倍器の逓倍数

です。図から

$f_C = f_0 \times 3 \times 2$

$f_C = 6f_0 \qquad \therefore f_0 = \dfrac{1}{6} f_C$

(注) 周波数逓倍器の×3、×2を逓倍数といいます。

問 2　**2 図**に示す SSB 波を発生させるための回路の構成において、出力に現れる周波数成分は幾らか。

〔2 図〕

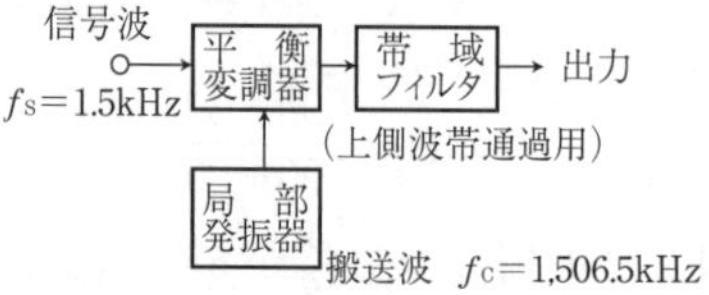

信号波 f_S＝1.5kHz → 平衡変調器 → 帯域フィルタ（上側波帯通過用）→ 出力

局部発振器 → 平衡変調器（搬送波 f_C＝1,506.5kHz）

【解き方】SSB 波上側波帯の周波数成分は、搬送波 f_C と信号波 f_S の和となります。

$f_C + f_S = 1506.5 + 1.5 =$ **1508**〔kHz〕

4. 受信機

受信機の分野では計算問題は出題されていません。

5. 電波障害

問1 50〔MHz〕の電波を発射したところ、150〔MHz〕の電波を受信している受信機に妨害を与えた。送信機側で考えられる妨害の原因はなにか。

【解き方】 基本波の整数倍で出現する高調波が考えられます。妨害が出ている150MHzは基本波の何倍かを求めます。

$$\frac{150}{50} = 3〔倍〕$$

したがって、第3高調波となります。

6. 電 源

問1 1個6〔V〕、容量60〔Ah〕の蓄電池を3個直列接続にしたときの合成電圧と合成容量は幾らか。

【解き方】 直列接続の合成電圧＝6＋6＋6＝**18**〔V〕

直列接続の合成容量＝**60**〔Ah〕…合成容量は変化しない。

問2 容量30〔Ah〕の蓄電池を1〔A〕で連続使用できる通常の時間は何時間か。

【解き方】

電池の容量〔Ah〕＝電流〔A〕×時間〔h〕より

時間〔h〕＝電池の容量〔Ah〕÷電流〔A〕

$= 30 \div 1 = 30$〔時間〕

問3　交流入力50〔Hz〕の全波整流回路の出力に現れる脈流の周波数は幾らか。

【解き方】 全波整流回路での脈流の周波数は、交流入力の2倍です。

全波整流回路の脈流の周波数 $= 50 \times 2 =$ **100**〔Hz〕

問4　一次巻線と二次巻線の比が1：3の電源変圧器において、一次側にAC100〔V〕を加えたとき、二次側に現れる電圧は幾らか。

【解き方】 電源トランスの電圧と巻数は、比の関係にあります。

電圧　　　　　巻数

一次側：二次側＝一次側：二次側

二次側に現れる電圧をe_2として、上の式に数値を代入して、

$100 : e_2 = 1 : 3$

$e_2 \times 1 = 100 \times 3$……（外項の積と内項の積は等しい）

$e_2 =$ **300**〔V〕

問5　二次側コイルが10回巻いてある電源変圧器において、一次側にAC100〔V〕を加えたとき、二次側に5〔V〕の電圧が現れた。この電源電圧の一次側コイルの巻数は何回か。

【解き方】 問4の計算式を利用します。一次側コイルの巻数をn_1とすると、

$100 : 5 = n_1 : 10$

$5 \times n_1 = 100 \times 10$

$$n_1 = \frac{100 \times \overset{2}{\cancel{10}}}{\underset{1}{\cancel{5}}} = 100 \times 2 = \mathbf{200}〔回〕$$

7．空中線系［アンテナと給電線］

問１　電波の波長 λ を〔m〕、周波数 f を〔MHz〕としたときの式を示せ。

【解き方】

$$\lambda = \frac{300}{f〔MHz〕}〔m〕$$

問２　波長 10〔m〕の電波の周波数は、幾らか。

【解き方】 問１ の答の式を移項して

$$f = \frac{300}{\lambda} = \frac{300}{10} = 30〔MHz〕$$

問３　7〔MHz〕用の半波長ダイポールアンテナの長さは、ほぼ幾らか。

【解き方】 7MHzの波長は

$$\lambda = \frac{300}{f〔MHz〕} = \frac{300}{7} \fallingdotseq 42〔m〕$$

半波長なので、

$$\frac{42}{2} = 21〔m〕$$

問４　21〔MHz〕用のブラウンアンテナ（グランドプレーンアンテナ）の放射エレメントの長さは、ほぼ幾らか。

【解き方】 ブラウンアンテナの放射エレメントの長さは、波長の$\frac{1}{4}$です。

$$\frac{\overset{75}{\cancel{300}}}{21}\times\frac{1}{\underset{1}{\cancel{4}}}=\frac{75}{21}\fallingdotseq\mathbf{3.6}\text{〔m〕}$$

問5　高さが10〔m〕の$\frac{1}{4}\lambda$垂直接地アンテナの固有波長は、幾らか。

【解き方】 固有という表現でだまされずに、$\frac{1}{4}$倍した長さが10〔m〕ということなので、元の波長は4倍の40〔m〕です。

問6　半波長ダイポールアンテナの放射電力を10〔W〕にするためのアンテナ電流は、ほぼ幾らか。ただし、熱損失となるアンテナ導体の抵抗分は無視するものとする。

【解き方】 電力の公式($P=I^2R$)からIについて解くと、

$$I^2=\frac{P}{R}\text{なので}I=\sqrt{\frac{P}{R}}$$

Pは放射電力で題意より10〔W〕、Rは給電点のインピーダンスですが、半波長ダイポールアンテナの場合は約75〔Ω〕ですので、それらを代入して、

$$I=\sqrt{\frac{P}{R}}=\sqrt{\frac{10}{75}}=\sqrt{\frac{5\times2}{5^2\times3}}=\sqrt{\frac{2}{5\times3}}=\frac{\sqrt{2}}{\sqrt{5}\times\sqrt{3}}$$

$$\fallingdotseq\frac{1.414}{2.236\times1.732}\fallingdotseq0.365\text{〔A〕}$$

となり、およそ0.37Aです。もっと桁数を落として、

$$\frac{\sqrt{2}}{\sqrt{5}\times\sqrt{3}}\fallingdotseq\frac{1.4}{2.2\times1.7}\fallingdotseq0.374\text{〔A〕}$$

となり、おおむね同じ値になります。

8．電波伝搬

電波伝搬の分野では計算問題は出題されていません。

9．無線測定

問 1　内部抵抗 50〔kΩ〕の電圧計の測定範囲を 20 倍にするには、倍率器の抵抗値を幾らにすればよいか。

【解き方】 内部抵抗を r、倍率を N、倍率器の抵抗を R とすると、

$$R = r(N-1) = 50(20-1) = 50 \times 19 = 950〔kΩ〕$$

問 2　**2 図**の電流計において、分流器の抵抗 R をメータの内部抵抗 r の 4 分の 1 の値に選べば、測定範囲は何倍になるか。

〔**1 図**〕

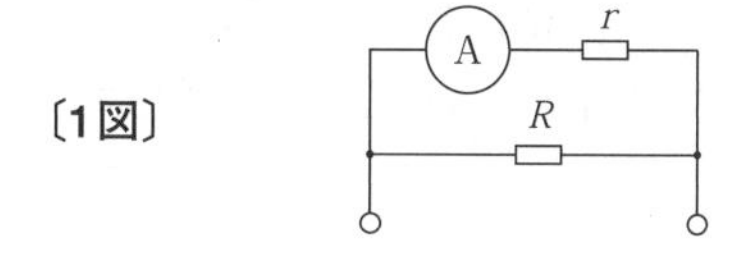

【解き方】 題意より、分流器の抵抗 $R = \frac{r}{4}$ なので、分流器の公式に代入して、

$$R = \frac{r}{N-1} \text{ なので } \frac{r}{4} = \frac{r}{N-1}$$

$N - 1 = 4$ したがって $N =$ **5**〔倍〕

問 3　端子電圧 2〔V〕の蓄電池を **2 図**のように接続し、a-b 間の電圧を測定するには、最大目盛が何ボルトの直流電圧計を用いればよいか。また、電圧計の端子をどのように接続したらよいか。

〔2図〕 a ○—|⊢—|⊢—|⊢—○ b

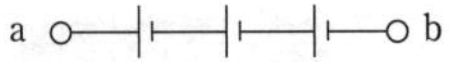

【解き方】 解答図のように、2〔V〕の蓄電池が3個直列接続ですから、合成電圧は6〔V〕になり、最大目盛10〔V〕の電圧計が必要です。また、電圧計の＋端子をaに、－端子をbにつなぎます。

2V＋2V＋2V＝6V

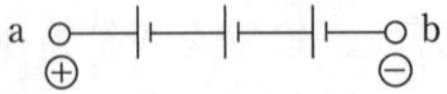

a ○—|⊢—|⊢—|⊢—○ b

⊕ ⊖

問6 通過形電力計で進行波電力95〔W〕、反射波電力5〔W〕を示した。このときのアンテナへ供給される電力は幾らか。

【解き方】 アンテナへ供給される電力は、

アンテナへ供給される電力＝進行波電力－反射波電力

＝95－5＝90〔W〕

法規の参考書

1. 無線局の免許

[1] 無線局の定義

「無線設備及び無線設備の操作を行う者の総体をいう。ただし、受信のみを目的とするものは含まない。」

[2] アマチュア業務の定義

「金銭上の利益のためでなく、もっぱら個人的な無線技術の興味によって行う自己訓練、通信及び技術的研究の業務をいう。」

[3] 免許の申請

「アマチュア局の免許を受けようとする者は、免許の申請書に、必要な事項を記載した書類を添えて、その無線設備の設置場所又は常置場所を所管する総合通信局長に提出しなければならない。」

[4] 無線局免許状の記載事項

① 免許の年月日　② 免許番号

③ 免許人の氏名又は名称及び住所

④ 無線局の種別　⑤ 無線局の目的

⑥ 通信の相手方　⑦ 通信事項

⑧ 無線局の設置（常置）場所

⑨ 免許の有効期限

⑩ 呼出符号★

⑪　電波の型式及び周波数★

⑫　空中線電力★

⑬　運用許容時間★

（★は変更したいときに申請を伴うもの。さらに、再免許が与えられるときの指定事項も同じ）

［5］無線設備等の変更

「免許人は、通信の相手方、通信事項若しくは無線設備の設置場所を変更し、又は無線設備の変更の工事をしようとするときは、あらかじめ総合通信局長（沖縄総合通信事務所長を含む）の許可を受けなければならない。」

→「あらかじめ」に続くのは「許可を受ける」

［6］アマチュア局の再免許

①　有効期間は免許の日から起算して５年

②　再免許の申請は、有効期間満了の１カ月前以上６カ月を超えない期間に申請する

［7］アマチュア局の廃止

その旨を総合通信局長に届け出ます。

［8］無線局の免許等が効力を失ったとき

「遅滞なく空中線を撤去しなければならない。」

→空中線はアンテナのこと

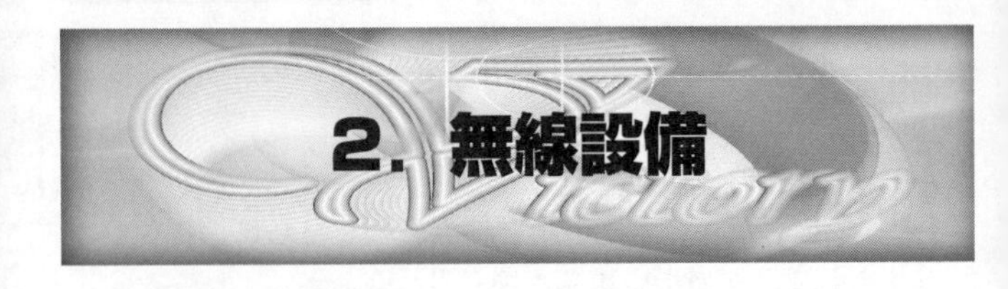

2. 無線設備

[1] 無線設備の定義

「無線電信、無線電話その他電波を送り、又は受けるための電気的設備をいう。」

[2] 無線電話の定義

「無線電話とは、電波を利用して、音声その他の音響を送り、又は受けるための通信設備をいう。」

[3] 送信設備の定義

「送信装置と送信空中線系とから成る電波を送る設備をいう。」

[4] 送信装置の定義

「送信装置とは、無線通信の送信のための高周波エネルギーを発生する装置及びこれに付加する装置をいう。」

[5] 送信空中線系の定義

「送信空中線系とは、送信装置の発生する高周波エネルギーを空間へふく射する装置をいう。」

[6] アマチュア局の電波の型式

① A3E：単一チャネルのアナログ信号で振幅変調した両側波帯の電話

② J3E：単一チャネルのアナログ信号で振幅変調した抑圧搬送波による単側波帯の電話

③　F3E：単一チャネルのアナログ信号で周波数変調した電話

[7] 電波の質

「送信設備に使用する電波の周波数の偏差及び幅、高調波の強度等電波の質は、総務省令の定めるところに適合するものでなければならない。」

[8] 周波数の安定のための条件

①「周波数はその許容偏差内に維持するため、発振回路の方式はできる限り外囲の温度若しくは湿度の変化によって影響を受けないものでなければならない。」

②「周波数はその許容偏差内に維持するため、送信装置はできる限り電源電圧又は負荷の変化によって発振周波数に影響を与えないものでなければならない。」

③「移動局(移動するアマチュア局を含む)の送信装置は、実際上起こり得る振動又は衝撃によっても周波数をその許容偏差内に維持するものでなければならない。」

[9] 送信空中線の条件

①　空中線の利得及び能力がなるべく大であること。

②　整合が十分であること。

③　満足な指向特性が得られること。

[10] 秘話装置の禁止

「アマチュア局の送信装置は、通信に秘匿性を与える機能を有してはならない。」

→秘密も暗語も NG

3. 無線従事者

[1] 無線従事者の定義

「無線従事者とは、無線設備の操作又はその監督を行う者であって、総務大臣の免許を受けたものをいう。」

[2] 第4級アマチュア無線技士の操作範囲

① 8MHz 以下、又は 21MHz 以上 30MHz 以下のモールス符号による通信を除いた出力は 10W 以下

② 30MHz 以上のモールス符号による通信を除いた出力は 20W 以下

→周波数によって最大出力が異なることに注意

[3] 無線従事者の免許を与えない場合

「無線従事者の免許を取り消され、取消しの日から2年を経過しない者。」

[4] 免許証の携帯

「無線従事者はその業務に従事しているときは、免許証を携帯しなければならない。」

※無線局免許状は常置場所に備え付ける(携帯不要)

[5] 免許証の訂正

氏名の変更は、免許証、写真1枚と氏名の変更の事実を証明する書類を添えて総合通信局長に提出して訂正を受けます。

→氏名以外に無線従事者の都合で変更を必要とする記載はない

[6] 免許証の再交付

「免許証を汚し、破り、又は失ったために再交付を申請しようとするときは、免許証再交付申請書に添えて、免許証(免許証を失った場合を除く)、写真1枚を添えて総務大臣又は総合通信局長に提出しなければならない。」

[7] 免許証の返納

「無線従事者は、免許の取消しの処分を受けたときは、その処分を受けた日から10日以内にその免許証を総務大臣又は総合通信局長に返さなければならない。免許証の再交付を受けた後失った免許証を発見したときも同様とする。」

[8] 無線従事者が死亡又は失そうした場合

無線従事者が死亡し、又は失そう(7年間生死不明のため、死んだものとみなすこと)の宣告を受けたときは、戸籍法による死亡または失そうの宣告の届出義務者は、遅滞なく、その無線従事者免許証を、総務大臣または総合通信局長に返納しなければなりません。

→免許を「取り消された」場合は10日以内、「死亡・失そう」の場合は遅滞なく

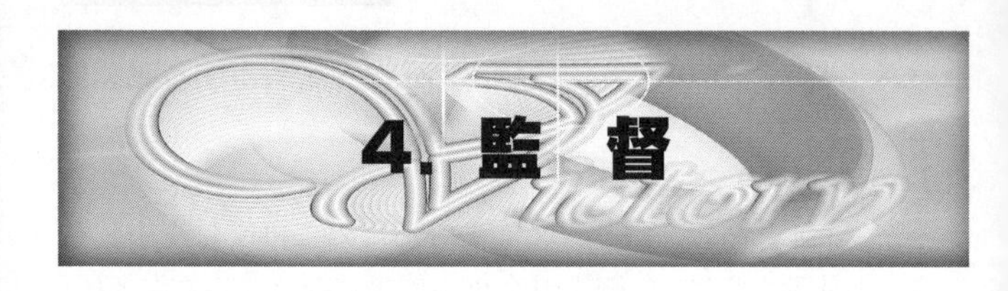

[1] 電波の発射の停止

「総務大臣は、無線局の発射する電波の質が総務省令で定めるものに適合していないと認めるときは、当該無線局に対して臨時に電波の発射の停止を命じることができる。」

[2] 臨時検査

① 臨時に電波の発射の停止を命ぜられたとき

② 電波法の施行を確保するため特に必要があるとき

これらの場合に総務大臣は職員を派遣し、無線設備、無線従事者の資格及び員数等を検査させることがあります。

[3] 無線局の運用の停止又は制限

「総務大臣は、免許人が電波法、若しくは電波法に基づく命令、又は電波法に基づく処分に違反したときは、3か月以内の期間を定めて無線局の運用の停止を命じ、又は期間を定めて運用許容時間、周波数、若しくは空中線電力を制限することができる。」

[4] 無線局の免許の取消し

① 不正な手段により無線局の免許を受けたとき

② 不正な手段により無線設備の設置場所の変更の許可を受けたとき、または無線設備の変更の工事の許可を受けたとき

③　不正な手段により、呼出符号、電波の型式、周波数、空中線電力の指定の変更を行わせたとき

これらの場合は、総務大臣はその無線局の免許を取り消すことができます。

→「不正な手段」は「取消し」

［5］無線従事者の免許の取消し等

①　電波法、若しくは電波法に基づく命令、又は電波法に基づく処分に違反したとき

②　不正な手段で免許を受けたとき

これらの場合は、総務大臣は無線従事者の免許の取消し、又は3か月以内の期間を定めてその業務に従事することを停止することができます。

→無線従事者免許は「免許証」、この免許証をもって無線局を開設して「無線局免許状」

［6］報告

①　非常通信を行ったとき

②　電波法または電波法に基づく命令の規定に違反して運用した無線局を認めたとき

→「認めた」は「存在を現認した」の意味

［7］電波利用料の徴収

アマチュア局の免許人は、その免許を受けた日から30日以内に、また、その後、毎年その免許の日に相応する日（相応する日がない場合は、その翌日）から起算して30日以内に、電波法の規定により電波利用料を納めなければなりません。

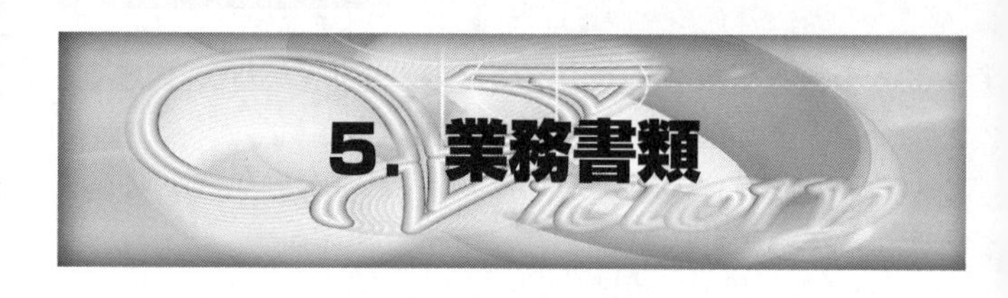

5. 業務書類

[1] アマチュア無線局に備え付ける書類

無線局の設置場所(常置場所)に無線局免許状を備え付けなければなりません。

[2] アマチュア局の免許状

① アマチュア局の免許状は、その無線設備の常置場所に備え付けておかなければなりません。

② 「免許人は、免許状に記載された事項に変更が生じたときは、その免許状を総務大臣に提出し、訂正を受けなければならない。」

免許状の記載事項の変更には、指定事項の変更、通信事項、無線設備の設置場所、無線設備の変更のほか、免許人の氏名または名称及び住所の変更があります。

③ 免許人は住所を変更したときは、延滞なくその旨を総務大臣に届け出なければなりません。

④ 免許人が免許状を破損し、汚し、失った等のために免許状の再交付を申請しようとするときは、理由を記載した申請書に無線局事項書1通を添えて総務大臣または総合通信局長に提出しなければなりません。

⑤ 免許人は、新たな免許状の交付を受けたときには、遅

滞なく旧免許状を返さなければなりません。

⑥　免許がその効力を失ったときは、免許人であった者は、1か月以内にその免許状を返納しなければなりません。

無線局の免許がその効力を失う場合は、無線局を廃止したとき、免許の有効期間が満了したとき、免許が取り消されたときなどがあります。

6．アマチュア局の運用

[1]　アマチュア局の運用に関する、他の無線局との違う点

①　発射の制限

「アマチュア局においては、その発射の占有する周波数帯幅に含まれるいかなるエネルギーの発射も、その局が動作することを許された周波数帯から逸脱してはならない。」

「アマチュア局は、自局の発射する電波が他の無線局の運用又は放送の受信に支障を与え、若しくは与えるおそれがあるときにはすみやかに当該周波数による電波の発射を中止しなければならない。但し、非常の場合の無線通信を行う場合は、この限りではない。」

②　禁止する通報

「アマチュア局の送信する通報は、他人の依頼によるものであってはならない。」

③　無線設備の操作

「アマチュア局無線設備の操作を行う者は、免許人以外(総務省令で別途定めるものを除く)であってはならない。」

[2] 目的外通信の禁止

「無線局は、免許状に記載された目的又は通信の相手方若しくは通信事項の範囲を超えて運用してはならない。」

→非常通信のときは可能

[3] 空中線電力

必要最小でなければなりません。

[4] 無線通信の原則

①　必要のない無線通信は、これを行ってはならない。

②　無線通信に使用する用語は、できる限り簡潔でなければならない。

③　無線通信を行うときは、自局の呼出符号を付して、その出所を明らかにしなければならない。

④　無線通信は、正確に行うものとし、通信上の誤りを知ったときは、直ちに訂正しなければならない。

(「訂正」と前置して、正しく送信した適当な語字から更に送信)

[5] 略語

①　通報を確実に受信したとき……「了解」「OK」

②　応答に際して直ちに通報を受信しようとするとき……「どうぞ」

③　通報の送信を終わるとき……「終わり」

④　通信が終了したとき……「さようなら」

［6］暗語の禁止

「アマチュア局の行う通信には暗語を使用してはならない。」

［7］混信の定義

「混信とは、他の無線局の正常な業務の運行を妨害する電波の発射、輻射又は誘導をいう。」

［8］発射前の措置、発射の中止

「無線局は、相手を呼び出そうとするときは、電波を発射する前に、受信機を最良の感度に調整し、自局の発射しようとする電波の周波数その他必要とする周波数によって聴守し、他の通信に混信を与えないことを確かめなければならない。」

「無線局は、自局の呼出しが他のすでに行われている通信に混信を与える旨の通知を受けたときは、直ちにその呼出しを中止しなければならない。無線設備の機器の試験又は調整のための電波の発射についても同様とする。」

［9］呼出しと応答

「無線局は、自局に対する呼出しを受信したときは、直ちに応答しなければならない。

直ちに応答できないとき……「お待ちください」+「待つべき時間」(10分以上のときは、その理由を簡単に送信しなければならない)」

空中線電力50W以下の無線設備を使用して呼出しを行う場合において、確実に連絡の設定ができると認められるときは、呼出事項のうち「こちらは」及び「自局の呼出符号3回以下」を、また応答の場合は「相手の呼出符号」を省略できます。

	呼出し	応答	一括	不確実な呼出しに対する応答
各局(CQ)			3回	
相手の呼出符号	3回以下	3回以下		
誰かこちらを呼びましたか				3回以下
こちらは	1回	1回	1回	1回
自局の呼出符号	3回以下	1回	3回以下	1回
どうぞ		1回	1回	1回

※非常通信の場合は、呼出し・応答の前に「非常」を3回

[10] 呼出しの反復・再開

「呼出は、1分以上の間隔をおいて2回反復することができる。呼出を反復しても応答がないときは、少なくとも3分間の間隔をおかなければ、呼出しを再開してはならない。」

[11] 長時間の送信

「アマチュア局は、長時間継続して通報を送信するときは、10分毎を標準として適当に「こちらは」及び自局の呼出符号を送信しなければならない。」

[12] 通信中の周波数等の変更

通信中に、混信の防止その他の必要により使用電波の周波数の変更の要求を受けたときは、以下のように対処します。

① 「了解」又は「OK」

② 「(周波数)に変更します」

[13] 通報の反復

① 「相手局に対し通報の反復を求めようとするときは、「反復」の次に反復する箇所を示すものとする。」

② 「送信した通報を反復して送信するときは、1字若しくは1語ごとに反復する場合又は略符号を反復する場合を除いて、その通報の各通ごと又は1連続ごとに「反復」を前置するものとする。」

[14] 不確実な呼出に対する応答

「無線局は、自局に対する呼出しであることが確実でない呼出しを受信したときは、その呼出しが反復され、且つ、自局に対する呼出しであることが確実に判明するまで応答してはならない。」

[15] 試験電波の発射

① ただいま試験中　3回
② こちらは　1回
③ 自局の呼出符号　3回

1分間の聴守を行い、他の無線局から停止の請求がない場合に限り、次の事項を送信します。

① 「本日は晴天なり」の連続(10秒間を超えてはならない)
② 自局の呼出符号　1回

[16] 疑似空中線回路の使用

「無線設備の試験又は調整を行うために運用するときは、なるべく疑似空中線回路を使用しなければならない。」

※無線工学では疑似負荷ともいう

［17］非常通信

「非常を前置した呼出しを受信した無線局は、応答する場合を除くほか、これに混信を与えるおそれのある電波の発射を停止して傍受しなければならない。」

「非常通信を開始した後、有線通信の状態が復旧した場合は、速やかにその取扱いを停止しなければならない。」

［18］秘密の保護

「何人も法律に別段の定めがある場合を除くほか、特定の相手方に対して行われる無線通信を傍受してその存在若しくは内容を漏らし、又はこれを窃用してはならない。」

● 法規問題 暗記法のヒント

国試問題には独特の言い回しがあります。法規の問題ではそれらの言い回しをキーワードとして、正答を導くことができます．それら暗記法のヒントをまとめておきますので、国試受験の参考にしてください。

• 無線局の免許

① あらかじめ…許可を受けなければならない場合
　正解：…変更(の工事を)しようとするとき。
② 指定の変更を受けようとするときの手続
　正解：その旨を申請する。
③ 無線局の免許がその効力を失ったときは、…
　正解：遅滞なく空中線を撤去しなければならない。

• 無線従事者

① 第4級アマチュア無線局の最大空中線電力
　正解：20ワット。30MHzまでは10W。
② 第4級アマチュア無線技士が使用できる周波数範囲
　正解：21メガヘルツ以上、または8メガヘルツ以下(10メガ ヘルツ、14メガヘルツ、18メガヘルツ周波数の使用禁止)
③ 免許を与えないことがあるもの
　正解：(免許の)取り消しの日から2年を経過しない者
④ 無線従事者は、その業務に従事しているときは…
　正解：免許証を携帯する
⑤ 免許証の訂正を受けなければならないのは
　正解：氏名に変更が生じたとき
⑥ 免許証の再交付の申請をする場合の添付書類
　正解：免許証(失った場合を除く)及び写真1枚
⑦ 免許証を返さなければならない期間
　正解：10日

• 監督

① 臨時検査
　正解：無線従事者の資格、または、臨時に電波の発射の停止
② 臨時に電波の発射の停止を命ぜられることがある
　正解：発射する電波の質

③ 電波法……違反したときに
正解：運用の停止
④ 免許人が不正な手段
正解：免許の取消し
⑤ 無線従事者がその免許を取り消される
正解：不正な手段……または、電波法……に違反したとき。
⑥ 総務大臣に報告する
正解：非常通信を行ったとき、または……違反して運用した無線局を認めたとき。

• 業務書類

① アマチュア局に備え付けておかなければならない書類
正解：無線局免許状

• アマチュア局の運用

① テレビジョン放送又はラジオ放送の受信に支障を与える
正解：速やかに電波の発射を中止する
② 他人の依頼による通報を送信すること
正解：できない。
③ アマチュア局の行う通信における暗語の使用について
正解：暗語を使用してはならない。
④ 免許状に記載された目的の範囲をこえて運用できる
正解：非常通信を行うとき
⑤ 無線局を運用する場合において
正解：免許状
⑥ 無線局を運用する場合において、空中線電力は
正解：……通信を行うため必要最小のもの
⑦ 呼出しを再開してはならないか、
正解：3分間
⑧ アマチュア局が長時間継続して通信を送信する場合
正解：10分
⑨ 試験電波の発射を行う場合
正解：本日は晴天なり
⑩ 非常の場合の無線通信において
正解：「非常」3回を前置する。

受験された皆様にお願い

本書を使用して勉強され、受験時に本書に記載のありました問題もしくは新問題と思われる出題がありましたら、下記の要領でお知らせいただきますようお願いいたします。来年度版の本書制作の資料とさせていただきます。

●受験地・受験日

●出題に関する記載

- ジャンル：法規もしくは無線工学
- 各ジャンルのサブタイトル（「電波法の目的・用語の定義など」）と問題番号

解答選択肢記述に本書記載のものと異なる記述がありましたらあわせてお知らせください。

受験後、覚えている範囲でかまいませんので、出題問題1問でもご投稿いただきますようお願いいたします。また、新問題あるいは本書に掲載のない問題がありましたら、その概要をお知らせください。

2023年12月～2024年9月までのご投稿期間の各月10名様に粗品をお送りいたします。

●郵送等での送り先

〒112-8619　東京都文京区千石4-29-14

CQ出版社「第4級ハム要点マスター」係

●電子メールでの送り先

hamradio@cqpub.co.jp　件名を「第4級ハム要点マスター」としてください。

2024
第4級ハム国試　要点マスター

1982年7月15日　初版発行
2024年1月 1日　2024年版発行

著　者　深山　武
発行人　櫻田　洋一
発行所　CQ出版株式会社
〒112-8619 東京都文京区千石4-29-14
電　話　出版　03-5395-2149
販売　03-5395-2141
振　替　00100-7-10665
DTP　西澤　賢一郎
印刷・製本　三晃印刷(株)

乱丁・落丁本はお取り替えします。
定価は裏表紙に表示してあります。
ISBN978-4-7898-1937-4

編集担当者　甕岡 秀年
Printed in Japan